新型职业农民培育系列教材

鸡鸭鹅养殖与疾病防治

卫书杰　李艳蒲　王会灵　主编

中国林业出版社

图书在版编目（CIP）数据

鸡鸭鹅养殖与疾病防治/卫书杰，李艳蒲，王会灵主编 .
—北京：中国林业出版社，2017.5（2019.10重印）
ISBN 978-7-5038-9048-2

Ⅰ.①鸡…　Ⅱ.①卫…　②李…　③王…　Ⅲ.①鸡-
饲养管理②鸭-饲养管理③鹅-饲养管理④鸡病-防治
⑤鸭病-防治⑥鹅病-防治　Ⅳ.①S83②S858.3

中国版本图书馆 CIP 数据核字（2017）第 104772 号

出　　版　中国林业出版社（100009　北京市西城区德胜门内大街
　　　　　　刘海胡同 7 号）
E-mail　Lucky70021@ sina. com　电话　（010）83143520
印　　刷　三河市祥达印刷包装有限公司
发　　行　中国林业出版社总发行
印　　次　2019 年 10月第 1 版第 5 次
开　　本　850mm×1168mm　1/32
印　　张　3.5
字　　数　120 千字
定　　价　13.00 元
（凡购买本社的图书，如有缺页、倒页、脱页者，本社发行部负责调换）

前　言

在市场经济驱动下，随着人口增长及城市化进程加快，人们对肉、蛋、奶等动物性食品的需求增加，鸡、鸭、鹅的养殖从传统的家庭养殖向集约化、规模化、专门化及商品化方向发展。我国现代鸡、鸭、鹅的养殖业不仅为满足居民日益增长的产品消费市场需求作出了重大贡献，而且在推进我国现代农业和农村经济结构的战略性调整，带动国民经济中第一产业、推动第二产业和促进第三产业发展等方面起到了不可替代的先导作用。

本书在编写时力求以能力本位教育为核心，语言通俗易懂，简明扼要，注重实际操作。主要介绍了禽类养殖技术员基础知识、禽类的养殖场所规划与建设、养殖场的卫生控制与消毒处理、鸡的生产技术、鸭的生产技术、鹅的生产技术、现代禽类养殖的生产经营管理等方面内容，可作为新型职业农民培育教材，也可作为有关人员的培训教材及参考用书。

编　者

目　录

模块一 禽类养殖技术员基础知识

第一节 禽类养殖人员的素质要求及岗位职责

一、素质要求

禽类养殖员是指在各类养殖企业、农村社会化服务组织和专业合作组织中从事禽类养殖的人员及规模化养殖场的技术人员和准备从事禽类养殖工作的新型职业农民。养殖员是从事家畜家禽的喂养、护理、调教和饲料调制的人员，是养殖场生产管理团队的重要一员，其素质要求有以下5点。

第一，身体健康，无传染性疾病，能够胜任岗位工作要求。养殖员需取得健康合格证后方可上岗，并定期体检。

第二，要热爱养殖工作，不怕脏、不怕累，对待工作认真负责，爱岗敬业。

第三，要服从场区领导工作分配，服从技术人员指导，具有团队精神，懂得互助合作。

第四，养殖员的各类饲养管理行为，应符合场内制定的养殖技术操作规程。进入生产区前需先消毒，更换衣鞋，工作服要保持清洁，定期消毒。

第五，养殖员应遵纪守法，遵守场内规章制度，爱护禽类及场内公用财物。

二、岗位职责

（一）蛋鸡养殖场饲养员岗位职责

（1）做好蛋鸡不同饲养阶段的饲料配比，严格按照营养标准和饲养规程执行，投食定时定量，杜绝浪费，保证料位充足，及时调整饮水器高度和料桶的高度，保证饮用水充足、清洁。负责雏禽开食、开饮。

（2）合理调整饲养密度，做好分群管理，实行全进全出。

（3）做好鸡舍内温度、湿度、光照、通风控制，提供适合鸡只健康生长的环境。育雏阶段的环境控制最为关键，要严格按照技术规程操作。

（4）鸡舍定期清扫、消毒。地面平养的鸡舍，要定期翻动垫料，保持垫料蓬松透气；网上饲养的要定期刮粪。鸡全群转群、出栏后彻底打扫鸡舍，对饲养器具进行清洗、消毒。

（5）加强鸡群日常管理，定期巡视、仔细观察鸡群动态、粪便颜色状态，发现病鸡及其他异常应及时处理并向上汇报，栏舍、饮水器、食槽、网栏等设施出现问题及时补救、维修或报修。

（6）负责集蛋、装箱，随时捡出破损蛋、粪污蛋。

（7）保持环境安静，动作轻缓，防止鸡群受惊吓应激。

（8）协助做好各阶段的接种免疫消毒。

（9）协助做好采精及人工输精。

（10）做好防鸟、灭蚊蝇、灭鼠工作。

（11）认真记录采食、称重、用药、死亡淘汰情况，填写各种生产记录，积累各项指标数据。

（二）肉鸡养殖场饲养员岗位职责

（1）实行全进全出制，合理调整饲养密度，做好育雏阶段和脱温后鸡舍内温度、湿度、光照、通风控制，提供适合鸡只健康生长的环境。

（2）负责雏禽开食、开饮。做好不同日龄阶段的饲料配比，严格按照营养标准和饲养规程执行，投食定时定量，保证料位充足，及时调整饮水器高度和料桶的高度，杜绝浪费，并保证充足、清洁的饮水。

（3）鸡舍定期清扫、消毒。地面平养的鸡舍，定期翻动垫料，保持垫料蓬松透气；网上饲养的要定期刮粪。全群出栏后彻底打扫鸡舍，对饲养器具进行清洗、消毒。

（4）加强鸡群日常管理，定期巡视、仔细观察鸡群动态、粪便颜色状态，发现病鸡及其他异常应及时处理并向上汇报，栏舍、饮水器、食槽、网栏等设施出现问题及时补救、维修或报修。中后期加强巡栏，驱赶鸡群以增进其食欲，减少胸部囊肿发生几率。

（5）协助做好各阶段的接种免疫消毒。

（6）做好防鸟、灭蚊蝇、灭鼠工作。

（7）保持环境安静，动作轻缓，防止鸡群受惊吓应激。

（8）认真记录采食、称重、用药、死亡淘汰情况，填写各种生产记录，积累各项指标数据。

第二节　禽类养殖人员的职业素养

一、了解和掌握的知识体系

作为一名禽类养殖员，应该具备所从事行业的相关知识和技能，包括一定的专业基础知识、专业技能和相关法律、法规知识。

专业基础知识一般包括禽类营养与饲料知识、禽类品种知识、禽类解剖生理知识、禽类繁殖知识、禽类环境卫生知识、禽类饲养管理知识、禽类饲养设备知识、禽类卫生防疫知识等。相关法律、法规知识包括《中华人民共和国畜牧法》《中华人民共和国动物防疫法》及我国的《草原法》《种禽类管理条例》《兽药管理条例》《饲料及饲料添加剂管理条例》等，及无公害禽类产品生产管理制度规范和其他相关法律法规。

概括地讲，禽类养殖员应了解掌握的知识体系大致有以下几个方面：

（1）了解一定的禽类品种知识，了解掌握常见禽类的外貌特征、生理特点及生物学特性。

（2）了解禽类的选种与选配的基本方法及程序，掌握种禽类的人工授精技术和禽蛋孵化技术。

（3）了解禽类的营养需要与饲养标准，应用常用饲料进行禽类饲料的日粮配合与加工调制，掌握青绿饲料的生产与青储技术。

（4）掌握所饲养禽类种类各生产阶段的饲养管理措施。

（5）了解或掌握常见传染病、寄生虫病、普通病的防治技术，熟练掌握禽类场疾病综合防制措施和废弃物处理与控制要求。

（6）了解禽类场场址选择、布局和禽类舍建筑设计要点，掌握养殖设备使用知识等。

二、基本操作技能

（一）饲料调制环节

能够按照不同生产阶段选定、使用、保管饲料，懂得按季节和生产阶段调整日粮；能识别饲料原料和配合饲料；能够对秸秆饲料进行氨化或碱化处理并正确使用，能够独立或参与制作青储饲料，等等。

（二）饲喂环节

保证禽类饲喂次数和饲喂间隔；能够熟练地清理、洗刷、使用喂饮器具；能够初步感官判断饲料和饮用水的质量；掌握幼畜喂乳、开食、补饲要领；适时给幼畜断奶，等等。

（三）设备安装使用环节

能及时准备（或通知其他部门准备）禽舍生产用具及设备，懂得维护禽舍生产设备，定期清理消毒；能够安装简单的禽舍生产设备，等等。

（四）禽舍环境控制环节

及时清理粪便，保持禽舍及设施卫生，熟练使用环境控制设备调控舍内温度和湿度，进行舍内通风，清除有害气体；能安装、调试简单的禽舍环境调控设施设备；使用仪表检测禽舍卫生指标，等等。

（五）卫生防疫环节

能区分禽场各功能区域，执行消毒、隔离制度，对饮水、禽舍、用具、车辆和人员进行消毒；会进行简单的投药、免疫接种、驱虫操作；能稀释、配制常用消毒剂；能够按规程清理、消毒病畜及污染物，正确处理患传染病禽类；能护理病畜，等等。

另外，有经验的禽类养殖员还应具备更复杂的知识技能，比如参与养畜场生产计划、饲料需求计划、免疫接种计划和禽舍环境改善方案的制订和执行；了解和执行养畜场卫生综合治理措施、饲料品质控制措施；了解和参与饲料配方设计和效果检验、调整；了解禽舍建筑结构设计、各种生产记录资料的要求和作用。

模块二 禽类养殖场所的规划与建设

一、规划与布局

（一）场址选择

场址选择必须考虑以下几个因素。

1. 自然条件

（1）地势地形。禽类养殖场应选在地势较高、干燥、平坦、背风向阳及排水良好的场地，以保持场区小气候的相对稳定。

（2）水源水质。禽类养殖场要有水量充足和水质良好的水源，同时要便于取用和进行防护。水量充足是指能满足场内人禽饮用和其他生产、生活用水的需要。

（3）地质土壤。沙壤土最适合场区建设。

（4）气候因素。规划禽场时，需要收集拟建地区与建筑设计有关和影响禽场小气候的气候气象资料和常年气象变化、灾害性天气情况等。

2. 社会条件

（1）城乡建设规划。禽类养殖场选址应符合本地区农牧业发展总体规划、土地利用发展规划、城乡建设发展规划和环境保护规划。

（2）交通运输条件。交通方便，场外应通有公路，但应远离交通干线。

（3）电力供应情况。有可靠的供电条件，一些家禽生产环节如孵化、育雏、机械通风等电力供应必须绝对保证。同时还需自备发电设备，以保证场内供电的稳定可靠。

（4）卫生防疫要求。为防止禽类养殖场受到周围环境的污染，按照畜牧场建设标准，选址时要距离铁路、高速公路、交通干线不小于 1 千米，距一般道路不少于 500 米，距其他畜牧场、兽医机构、禽类屠宰厂不小于 2 千米，距居民区不小于 3 千米，且必须在城乡建设区常年主导风向的下风向。

（5）土地征用需要。征用土地可按场区总平面设计图计算实际占地面积（见表2-1）。

表2-1　土地征用面积估算

场别	饲养规模	占地面积（平方米/只）	备注
种鸡场	1 万~5 万只种鸡	0.6~1.0	按种鸡计
蛋鸡场	10 万~20 万只产蛋鸡	0.5~0.8	按种鸡计
肉鸡场	年出栏肉鸡100 万只	0.2~0.3	按年出栏量计

注：引自黄炎坤、吴健. 家禽生产. 2007。

（6）协调的周边环境。禽类养殖场的辅助设施，特别是蓄粪池，应尽可能远离周围住宅区，建设安全护栏，并为蓄粪池配备永久性的盖罩。防止粪便发生流失和扩散。建场的同时，最好规划一个粪便综合处理利用厂，化害为利。

（二）场区规划

1. 建筑物的种类

按建筑设施的用途，禽类养殖场建筑物共分为 5 类，即行政管理用房、职工生活用房、生产性用房、生产辅助用房和粪污处理设施。

2. 场区规划

（1）禽类养殖场各种房舍和设施的分区规划。首先考虑办公和生活场所尽量不受饲料粉尘、粪便气味和其他废弃物的污染；其次生产禽群的卫生防疫，为杜绝各类传染源对禽群的危害，依地势、风向排列各类禽舍顺序，若地势与风向在方向上不一致时，则以风向为主。因地势而使水的地面径流造成污染时，可用地下沟改变流水方向，避免污染重点禽舍，或者利用侧风避开主风向，将要保护的禽舍建在安全位置，免受上风向空气污染。

禽类养殖场内生活区、行政区和生产区应严格分开并相隔一定距离，生活区和行政区在风向上与生产区相平行，有条件时，生活区可设置于禽场之外。

生产区是禽类养殖场布局中的主体，孵化室应和所有的禽舍相隔一定距离，最好设立于整个禽场之外。

（2）生产流程。禽类养殖场内有两条最主要的流程线，一条流程线是从饲料（库）经禽群（舍）到产品（库），这三者间联系最频繁、劳动量最大；另一条流程线是从饲料（库）经禽群（舍）到粪污（场），其末端为粪污处理场。因此饲料库、蛋库和粪场均要靠近生产区，但不能在生产区内。饲料库、蛋库和粪场为相反的两个末端，因此其平面位置也应是相反方向或偏角的位置。

（3）道路。禽类养殖场内道路布局应分为清洁道和脏污道，其走向为孵化室、育雏室、育成舍和成年禽舍，各舍有入口连接清洁道。脏污道主要用于运输禽粪、死禽及禽舍内需要外出清洗的脏污设备，其走向也为孵化室、育雏室、育成舍和成年禽舍，各舍均有出口连接脏污道。清洁道和脏污道不能交叉，以免污染。净道和污道以沟渠或林带相隔。

（4）绿化。绿化布置能改善场区的小气候和舍内环境，有利于提高生产率。进行绿化设计必须注意不可影响场区通风和禽舍的自然通风效果。

二、禽舍建设及内部设施

（一）家禽舍的类型

1. 开放式

舍内与外部直接相通，可利用光、热、风等自然能源，建筑投资低，但易受外界不良气候的影响。通常有3种形式。

（1）全敞开式。又称棚式，即四周无墙壁，用网、篱笆或塑料编织物与外部隔开，由立柱支撑房顶。这种家禽舍通风效果好，但防暑、防雨、防风效果差。

（2）半敞开式。前墙和后墙上部敞开，敞开的面积取决于气候条件及家禽舍类型，敞开部分可以装上卷帘，高温季节便于通风，低温季节封闭保温。

（3）有窗式。四周用围墙封闭，南北两侧墙上设窗户作为进风口。该种家禽舍既能充分利用阳光和自然通风，又能在恶劣的气候条件下实现人工调控室内环境，兼备了开放与密闭式禽舍的双重特点。

2. 密闭式

屋顶与四壁隔温良好，通过各种设备控制与调节作用，使舍内小气候适宜于家禽生理特点的需要。减少了自然界不利因素对家禽群的影响。但建筑和设备投资高，对电的依赖性很大，饲养管理技术要求高。

（二）鸡舍的平面设计

1. 平面布置形式

（1）平养鸡舍平面布置。根据走道与饲养区的布置形式，平养鸡舍分无走道式、单走道式、中走道双列式、双走道双列式等。

①无走道式：鸡舍长度由饲养密度和饲养定额来确定，鸡舍一端设置工作间，工作间与饲养间用墙隔开，饲养间另一端设出粪门和鸡转运大门。

②单走道单列式：多将走道设在北侧，有的南侧还设运动场，主要用于种鸡饲养，但利用率较低。

③中走道双列式：两边为饲养区，中间设走道，利用率较高，比较经济，但对有窗鸡舍，开窗困难。

④双走道双列式：在鸡舍南北两侧各设一走道，配置一套饲喂设备和一套清粪设备即可，利于开窗。

（2）笼养鸡舍平面布置。根据笼架配置和排列方式上的差异，笼养鸡舍的平面布置有3种。

①2列3走道：仅布置2列鸡笼架，靠两侧纵墙和中间共设3个走道，适用于阶梯式、叠层式和混合式笼养。

②3列2走道：一般在中间布置三或二阶梯全笼架，靠两侧纵墙布置阶梯式半笼架。

③3列4走道：布置3列鸡笼架，设4条走道，是较为常用的布置方式，建筑跨度适中。

2. 平面尺寸确定

平面尺寸主要是指鸡舍跨度和长度，它与鸡舍所需的建筑面积有关。

（1）鸡舍跨度确定。

平养鸡舍的跨度 = 饲养区总宽度 + 走道总宽度

笼养鸡舍的跨度 = 鸡笼架总宽度 + 走道总宽度

一般平养鸡舍的跨度容易满足建筑要求，笼养鸡舍跨度与笼架尺寸及操作管理需要的走道宽度有关。

（2）鸡舍长度确定。

主要考虑饲养量、饲喂设备和清粪设备的布置要求及其使用效率、场区的地形条件与总体布置。

（三）禽舍内部设施

1. 饲养与供水设备

（1）饲养笼具分为育雏笼、蛋鸡笼、种鸡笼3种。

①育雏笼：常用的育雏笼是4层或5层。笼具用镀锌铁丝网片制成，由笼架固定支撑，每层笼间设承粪板。此种育雏笼具有结构紧凑、占地面积小、饲养密度大，对于整室加温的鸡舍使用效果不错。

②蛋鸡笼：目前，我国生产的蛋鸡笼多为3层全阶梯或半阶梯组合方式，均由笼架、笼体和护蛋板组成，每小笼饲养3~4只鸡。

③种鸡笼：可分为蛋用种鸡笼和肉用种鸡笼，从配置方式上又可分为2层和3层。种鸡笼与蛋鸡笼结构相似，尺寸稍大，笼门较宽阔，便于抓鸡进行人工授精。

（2）供料设备包括料塔、输料机、喂料设备。

①料塔：用于大、中型机械化鸡场，主要用作短期储存干粉状或颗粒状配合饲料。

②输料机：是料塔和舍内喂料机的连接纽带，将料塔或储料间的饲料输送到舍内喂料机的料箱内。输料机有螺旋弹簧式、螺旋叶片式、链式。目前使用较多的是前两种。

③喂料设备：常用的喂饲机有螺旋弹簧式、索盘式、链板式和轨道车式4种。

（3）供水设备

①饮水器的种类有以下3种。

A. 乳头式：乳头式饮水器有锥面、平面、球面密封型三大类。乳头式饮水设备适用于笼养和平养鸡舍给成鸡或两周龄以上雏鸡供水。

B. 吊塔式：又称普拉松饮水器，靠盘内水的重量来启闭供水阀门，即当盘内无水时，阀门打开，当盘内水达到一定量时，阀门关闭。主要用于平养鸡舍。

C. 水槽式：水槽一般安装于食槽上方，整条水槽内保持一定水位供鸡只饮用。

②供水系统：乳头式、吊塔式饮水器要与供水系统配套，供水系统由过滤器、减压装置和管路等组成。

（四）环境控制设备

1. 降温设备

（1）湿帘—风机降温系统。该系统由湿帘、风机、循环水路与控制装置组成。具有设备简单，成本低廉，降温效果好，运行经济等特点，比较适合高温干燥地区。湿帘—风机降温系统是目前最成熟的蒸发降温系统。

（2）喷雾降温系统。用高压水泵通过喷头将水喷成直径小于100微米雾滴，雾滴在空气中迅速汽化而吸收舍内热量使舍温降低。常用的喷雾降温系统主要由水箱、水泵、过滤器、喷头、管路及控制装置组成，该系统设备简单，效果显著，但易导致舍内湿度过高和淋湿鸡羽毛，影响生产。

2. 采暖设备

（1）保温伞。保温伞适用于平面饲养育雏期的供暖，分电热式和燃气式两类。

①电热式：伞内温度由电子控温器控制，可将伞下距地面5厘米处的温度控制在26～35℃之间，温度调节方便。

②燃气式：可燃气体在辐射器处燃烧产生热量，通过保温反射罩内表面的红外线涂层向下反射远红外线，以达到提高伞下温度的目的。燃气式保温伞内的温度可通过改变悬挂高度来调节。育雏室内应有良好的通风条件，以防由于不完全燃烧产生一氧化碳而使雏鸡中毒。

（2）热风炉。热风炉有卧式和立式两种。送风升温快，热风出口温度为 80～120℃，比锅炉供热成本降低 50% 左右，使用方便、安全，是目前推广使用的一种采暖设备。可根据鸡舍供热面积选用不同功率热风炉。

3. 通风设备

（1）轴流风机。主要由外壳、叶片和电机组成。轴流风机风向与轴平行，具有风量大、耗能少、噪声低、结构简单、安装维修方便、运行可靠等特点，既可用于送风，也可用于排风。

（2）离心风机。主要由蜗牛形外壳、工作轮和机座组成。这种风机工作时，空气从进风口进入风机，旋转的带叶片工作轮形成离心力将其压入外壳，然后再沿着外壳经出风口送入通风管中。多用于禽舍热风和冷风输送。

4. 照明设备

（1）人工光照设备。包括白炽灯和荧光灯。

（2）照度计。可以直接测出光照强度的数值。由于家禽对光照的反应敏感，禽舍内要求的照度比日光低得多，应选用精确的仪器。

（3）光照控制器。其基本功能是自动启闭禽舍照明灯，利用定时器的多个时间段自编程序功能，实现精确控制舍内光照时间。

5. 清粪设备

（1）刮板式清粪机。用于网上平养和笼养，安置在鸡笼下的粪沟内。每开动一次，刮板做一次往返移动，刮板向前移动时将鸡粪刮到鸡舍一端的横向粪沟内，返回时，刮板上抬空行。横向粪沟内的鸡粪由螺旋清粪机排至舍外。

（2）输送带式清粪机。适用于叠层式笼养鸡舍清粪，主要由电机和链传动装置、主、被动辊、承粪带等组成。承粪带安装在每层鸡笼下面，启动时由电机、减速器通过链条带动各层的主动辊运转，将鸡粪输送到一端，被端部设置的刮粪板刮落，从而完成清粪作业。

（五）卫生防疫设备

1. 多功能清洗机

具有冲洗和喷雾消毒两种用途，使用220伏电源作动力，适用于禽舍、孵化室地面冲洗和设备洗涤消毒。具有体积小、耐腐蚀、使用方便等优点。

2. 禽舍固定管道喷雾消毒设备

是一种用机械代替人工喷雾的设备，主要由泵组、药液箱、输液管、喷头组件和固定架等构成。2~3分钟即可完成整个禽舍消毒工作，药液喷洒均匀。在夏季与通风设备配合使用，还可降低舍内温度3~4℃，配上高压喷枪还可作为清洗机使用。

3. 火焰消毒器

利用煤油燃烧产生的高温火焰对禽舍设备及建筑物表面进行消毒。但不可用于易燃物品的消毒，使用过程中注意防火。

模块三　养殖场的卫生控制与消毒处理

随着集约化、商品化生产的发展，禽类群体增大，数量增多，全部集中饲养，生活环境和条件有了很大改变，如密度增加，禽类接触机会就会增多；湿度增大，粪便堆积发酵使有害气体生成增多，通风和保持适宜温度相矛盾等，均可使禽类机体抵抗力下降，病原体种类和数量增多，极易导致疾病的发生。因此，养殖场环境条件的控制与禽类疾病的发生密切相关。

第一节　新型消毒药的使用

一、新型消毒药品的种类

（一）卤素类

1. 速效碘

速效碘是一种新的含碘消毒药液，具有广谱速效、无毒、无刺激、无腐蚀性的优点，并有清洁功能，对人畜无害，可用于畜体消毒。Ⅰ型速效碘如用于猪舍消毒，可配制成 $300 \sim 400$ 倍稀释液；用于饲槽消毒，可配成 $350 \sim 500$ 倍稀释液；杀灭口蹄疫病毒，可配成 $100 \sim 150$ 倍稀释液。

2. 复合碘溶液

复合碘溶液是碘、碘化物与磷酸配置而成的水溶液，含碘

1.8% ~2.2%，呈褐红色黏稠液体，无特异刺激性臭味，有较强的杀菌消毒作用，对大多数细菌、真菌和病毒有杀灭作用，可用于动物舍、孵化器、用具、设备及饲饮器具的喷雾或浸泡消毒。

3. 三氯异氰尿酸

三氯异氰尿酸为白色结晶粉末，有效氯含量为85%以上，有强烈的氯气刺激气味，在水中溶解度为1.2%，遇酸遇碱易分解，是一种极强的氯化剂和氧化剂，具有高效、广谱、安全等特点。三氯异氰尿酸常用于对环境、饮水、饲槽等消毒。饮水消毒时浓度为4~6毫克/升，喷洒消毒时浓度为200~400毫克/升。

4. 二氯异氰尿酸钠

二氯异氰尿酸钠为白色结晶粉末，有氯臭，含有效氯60%，性能稳定，室内保存半年后有效氯含量仅降低1.6%，易溶于水，溶液呈弱酸性；水溶液稳定性较差。二氯异氰尿酸钠为新型高效消毒药，对细菌繁殖体、芽孢、病毒、真菌孢子均有较强的杀菌作用。饮水消毒时浓度为0.5毫克/升，用具、车辆、禽舍消毒时含有效氯浓度为50~100毫克/升。

（二）醛类

1. 戊二醛

戊二醛是带有刺激性气味的无色透明油状液体，属高效消毒剂，具有广谱、高效、低毒、对金属腐蚀性小、受有机物影响小、稳定性好等特点。适用于医疗器械和耐湿忌热的精密仪器的消毒与灭菌。其灭菌浓度为2%，市售戊二醛主要有2%碱性戊二醛和2%强化酸性戊二醛两种。碱性戊二醛常用于医疗器械灭菌，使用前应加入适量碳酸氢钠，摇匀后，静置1小时，测定pH。pH7.5~8.5时，戊二醛的杀菌作用最强。戊二醛杀菌是其单体的作用，当溶液的pH达到6时，这些单体有聚合的趋势，随 pH 上升这种聚合作用极迅速，溶液中即可出现沉淀，形成聚合体后会失去杀菌作用。因此，碱性戊二醛是一种相对不稳定的消毒液。2% 强化酸性戊二醛是以聚氧乙烯脂肪醇醚为强化剂，有增强戊二醛杀菌的作用。它的 pH 低于 5，对细菌芽孢的杀灭作用较碱性戊二醛弱，但对病毒的灭活作用较碱性戊二醛强，稳定性较碱性戊二醛好，可连续使用 28 天。

2. 固体甲醛

固体甲醛属新型熏蒸消毒剂，是甲醛溶液的换代产品。消毒时将干粉置于热源上即可产生甲醛蒸气。该药使用方便、安全，一般用药量为 3.5 克/立方米，保持湿热，温度 24℃ 以上，相对湿度 75% 以上。

3. 聚甲醛

聚甲醛为甲醛的聚合物，具有甲醛特臭的白色疏松粉末，在冷水中溶解缓慢，热水中很快溶解，溶于稀碱和稀酸溶液。聚甲醛本身无消毒作用，常温下缓慢解聚，放出甲醛气体呈杀菌作用。如加热至 80～100℃ 时很快产生大量甲醛气体，呈现强大的杀菌作用。聚甲醛主要用于环境熏蒸消毒，常用量为 3～5 克/立方米，消毒时间不少于 10 小时。消毒室内温度应在 18℃ 以上，湿度最好在 80%～90%。

二、新型消毒药品的作用机理和使用注意事项

（一）作用机理

新型消毒药种类多，作用机理各不相同，归纳起来有以下 3 种。

（1）使菌体蛋白质变性、凝固，发挥抗菌作用。例如，酚类、醇类、醛类消毒剂。

（2）改变菌体浆膜通透性，有些药物能降低病原微生物的表面张力，增加菌体浆膜的通透性，引起重要的酶和营养物质漏失，使水向内渗入，使菌体溶解或崩解，从而发挥抗菌作用。例如，表面活性剂等。

（3）干扰病原微生物体内重要酶系统，抑制酶的活性，从而发挥抗菌作用。例如，重金属盐类、氧化剂和卤素类。

（二）注意事项

（1）疫点的消毒要全面、彻底，不要遗漏任何一个地方、一个角落。

（2）根据病原微生物的抵抗力和消毒对象的性质和特点不同，选用不同消毒剂和消毒方法，如对饲槽、饮水器消毒应选择对动物无毒、刺激小的消毒剂；对地面、道路消毒可选择消毒效果好的氢氧化钠消毒，可不考虑刺激性、腐蚀性等因素；对小型用具可采取浸泡消毒；对耐烧的设备可采取火焰灼烧等。

（3）要运用多种消毒方法，如清扫、冲洗、洗刷、喷洒消毒剂、熏蒸等进行消毒，确保消毒效果。

（4）喷洒消毒剂和熏蒸消毒，一定要在清扫、冲洗、洗刷的基础上进行。

（5）消毒时应注意人员防护。

（6）消毒后要进行消毒效果监测，了解消毒效果。

第二节　疫点消毒

一、疫点的划分原则及消毒措施

疫点：即患病动物所在地点，一般是指患病动物所在的圈舍、饲养场、村屯、牧场或仓库、加工厂、屠宰厂（场）肉类联合加工厂、交易市场等场所，以及车、船、飞机等。如果为农村散养户，应将患病动物所在自然村划为疫点。

疫区：是指以疫点为中心一定范围的地区。

受威胁区：是指自疫区边界外延一定范围的地带。

疫点、疫区、受威胁区的范围，由畜牧兽医主管部门根据规定和扑灭疫情的实际需要划定，其他任何单位和个人均无此权力。

1. 对疫点应采取的措施

（1）扑杀并销毁动物和易感染的动物产品。

（2）对病死的动物、动物排泄物，被污染饲料、垫料、污水进行无害化处理。

（3）对被污染的物品、用具、动物圈舍、场地进行严格消毒。

2. 对疫区应采取的措施

（1）在疫区周围设置警告标志，在出入疫区的交通路口设置临时动物检疫消毒站，对出入的人员和车辆进行消毒。

（2）扑杀并销毁染病和疑似染病动物及其同群动物，销毁染病和疑似染病的动物产品，对其他易感染的动物实行圈养或者在指定地点放养，役用动物限制在疫区内使役。

（3）对易感染的动物进行监测，并按照国务院兽医主管部门的规定实施紧急免疫接种，必要时对易受感染的动物进行扑杀。

（4）关闭动物及动物产品交易市场，禁止动物进出疫区和动物产品运出疫区。

（5）对动物圈舍、动物排泄物、垫料、污水和其他可能受污染的物品、场地，进行消毒或者无害化处理。

3. 对受威胁区应采取的措施

（1）对易感染的动物进行监测。

（2）对易感染的动物根据需要实施紧急接种。

二、终末消毒

终末消毒，即传染源离开疫源地后进行的彻底消毒。发生传染病后，待全部患病动物处理完毕，即当全部患病动物痊愈或最后一只患病动物死亡后，经过2周再没有新的病发生，在疫区解除封锁之前，为了消灭疫区内可能残留的病原体所进行的全面彻底的大消毒。

通过物理或化学方法消灭停留在不同的传播媒介物上的病原体，借以切断传播途径，阻止和控制传染的发生。其目的包括以下几点。

（1）防止病原体播散到社会中，引起流行病发生。

（2）防止病畜再被其他病原体感染，出现并发症，发生交叉感染。

（3）同时也保护防疫人员免疫感染。

第三节 驱 虫

一、皮屑溶解法检查螨虫

（一）病料的采取

螨类主要寄生于家畜的体表或表皮内，因此在诊断螨病时，必须刮取患部的皮屑，经处理后在显微镜下检查有无虫体和虫卵，这样才能作出准确的诊断。刮取皮屑时，应在患病皮肤与健康皮肤的交界处进行刮取，因为这里螨虫最多。刮取时先将患部剪毛，用碘酒消毒，将凸刃外科刀在酒精灯上消毒，然后在刀刃上蘸一些水、煤油、5% 氢氧化钠溶液、50% 甘油生理盐水等，用手握刀，使刀刃与皮肤表面垂直，尽力刮取皮屑，一直刮到皮肤有轻微出血。将刮取物盛于平皿或试管内供镜检。切不可轻轻地刮取一些皮肤污垢供检查，这样往往检不到虫体而造成误诊。

对蠕形螨的病料采取，要用力挤压病变部，挤出病变内的脓液，然后将脓液摊于载玻片上检查。

（二）皮屑的检查法

为了确诊螨病而检查患部的皮屑刮取物，一般有两种检查法，即死虫检查法和活虫检查法。死虫检查只能找到死的螨类，这在初步确立诊断时有一定的意义；活虫检查可以发现有生活能力的螨类，可以确定诊断和检查用药后的治疗结果。

1. 皮屑内活虫检查法

（1）直接检查法：在刮取皮屑时，刀刃蘸上 50% 甘油生理盐水溶液或液状石蜡或清水，用力刮取，将粘在刀刃上的带有血液的皮屑物直接涂擦在载玻片上，置显微镜下检查。如果是螨病，可看到有活的螨类虫体在活动。

（2）温水检查法：将患部刮取物浸于 40～45℃ 的温水内，置恒温箱内（40℃）20～30 分钟。然后倒于玻璃表面上，在显微镜下观察。由于温热的作用，虫体即由皮屑中爬出来，集合成团并沉于水底，很容易看到大量活动的螨虫。

（3）油镜检查法：本法主要用于螨病治疗后的效果检查，察看用药后虫体是否被杀死。主要是用油镜检查螨内淋巴液有无流动的情况。检查时，将少许新鲜刮取的皮屑置于载玻片中央，滴加1或2滴10%～15%的苛性钾（钠）溶液，不加热直接加上盖玻片并轻轻地按压，使检料在盖玻片上均匀地扩散成薄层。用低倍镜检查虫体后，更换油镜检查。如果是活的虫体，能在前肢和后肢系基部以及更远的部位、虫体的边缘明显地看到淋巴包含液体在相互沟通的腔内迅速地移动；如果是死的虫体，这些淋巴则完全不动。

2. 皮屑内死虫检查法

（1）煤油浸泡法：将少许刮取的皮屑物放在载玻片上，滴加几滴煤油（煤油有使皮屑迅速透明的作用），用另一片载玻片盖上，并捻压搓动两片载玻片，使病料散开、粉碎，然后用实体镜（或扩大镜）和显微镜低倍镜检查。

（2）沉淀检查法：将由病变部位刮下的皮屑物放在试管内，加10%的苛性钠（钾）溶液在酒精灯上加热煮沸数分钟或不煮沸而静置2小时（或离心沉淀5分钟），经沉淀后，吸取沉渣，进行镜检。在沉淀物中往往可以找到成虫、若虫、幼虫或虫卵。

二、血液涂片法检查原虫

血液内的寄生性原虫主要有伊氏锥虫、梨形虫（焦虫）和住白细胞虫。检查血液内的原虫多在耳静脉或颈静脉采取血液，制作血液涂片标本，经染色，用显微镜检查血浆或细胞内有无虫体。同时，为了观察活虫也可用压滴标本检查法。

（一）鲜血压滴标本检查法

本法主要用于对伊氏锥虫活虫的检查，在压滴的标本内，可以很容易观察到虫体的活动。将采集的血液少许滴在洁净的载玻片上，加上等量的生理盐水与血液混合，加上盖玻片，置于显微镜下用低倍镜检查，发现有活动的虫体时，再换高倍镜检查。在气温低的情况下检查时，可在酒精灯上稍微加温或将载玻片放在手背上，经加温后可以保持虫体的活力。由于虫体未经染色，检查时如果使视野的光线调成弱光，则易于观察虫体。

（二）涂片染色标本检查法

本法是临床上最常用的血液原虫的病原检查法。采血多在耳尖，有时也可在颈静脉。将新鲜血滴少许于载玻片一端，以常规方法推成血片，干燥后，滴甲醇 2 或 3 滴于血膜上，待甲醇自然干燥固定后用姬姆萨氏或瑞氏液染色，用油镜检查。涂片染色法适用于对各种血液原虫的检查。

（三）集虫检查法

当家畜血液内虫体较少时，用上述方法检查病原比较困难，甚至有时常能得出阴性结果，出现误诊。为此，临床上常用集虫法，将虫体浓集后再做相应的检查，以提高诊断的准确性。其方法是：在离心管内加 2% 柠檬酸钠生理盐水 3～4 毫升，再采取被检动物血液 6～7 毫升，充分混合后，以 500 转每分钟离心 5 分钟，使其中大部分红细胞沉降；而后将红细胞上面的液体用吸管吸至另一离心管内，并在其中补加一些生理盐水，再以 2500 转每分钟离心 10 分钟，即可得到沉淀物。用此沉淀物做涂片、染色、镜检，可以比较容易地找到虫体。

本法适用于对伊氏锥虫和梨形虫病的检查，其原理：由于锥虫及感染有虫体的红细胞比正常红细胞的密度小，当第一次离心时，正常红细胞下降，而锥虫或感染有虫体的红细胞尚悬浮在血浆中；第二次较高速的离心则将感染虫体的红细胞浓集于管底。

三、粪便涂片法检查球虫

这种方法用以检查蠕虫卵、原虫的包囊和滋养体。方法简便，连续做 3 次涂片，可提高检出率。

（一）球虫检查

（1）活滋养体检查：涂片应较薄，方法同粪便涂片方法。气温越接近体温，滋养体的活动越明显。必要时可用保温台保持温度。

（2）包囊的碘液染色检查：直接涂片，方法同粪便涂片方法，以 1 滴碘液代替生理盐水。如果碘液过多，可用吸水纸从盖玻片边缘吸去过多的液体。如果同时需要检查活滋养体，可用生理盐水涂匀载坡片，在其上滴 1 滴碘液，取少许粪便在碘液中涂匀，再盖上盖片。涂片染色的一半查包囊，未染色的一半查活滋养体。

（3）碘液配方：碘化钾 4 克，碘 2 克，蒸馏水 100 毫升。

（二）粪便涂片方法

滴 1 滴生理盐水于洁净的载玻片，用棉签棍或牙签挑取绿豆大小的粪便块，在生理盐水中涂抹均匀。涂片的厚度以透过涂片约可辨认书上的字迹为宜。一般在低倍镜下检查，如用高倍镜观察，则需要加盖玻片。

四、驱虫药物的选择

好的驱虫药应该具有以下特点。

1. 广谱

能驱杀各类寄生虫和对寄生虫的不同生长阶段都敏感。

2. 低毒

对宿主无毒副作用或毒副作用极低。

3. 高效

临床上使用少量的药物就有很好的驱杀效果。

4. 价廉

5. 无"三致"作用

不产生致癌、致畸、致突变作用。

6. 使用方便

最好通过混饲给药，并能在生产的任何阶段使用。

7. 适口性好

通过拌料方式给药不影响动物的适口性和采食量。

第四节　给　药

凡是两种或两种以上的药物配伍时，各药物之间由于相互作用或通过机体代谢与生理机能的影响，而造成使用不便、减低或丧失疗效甚至增加毒性的变化，称为配伍禁忌。兽医在开写处方和使用药物时应当注意这个问题；药剂人员在发药时，也要认真审核处方，以免发生医疗事故。配伍禁忌可分为化学性配伍禁忌、物理性配伍禁忌和药理性配伍禁忌。

（一）化学性配伍禁忌

某些药物配伍时会发生化学变化，导致药物作用变化，使疗效减小或丧失，甚至产生毒性物质。化学变化一般呈沉淀、变色、产气、燃烧或爆炸等现象，但也有一些化学变化难以从外观看出来，如水解等。化学变化不但改变了药物的性状，更重要的是使药物失效或增加毒性，甚至引起燃烧或爆炸等危险。常见的化学配伍禁忌有如下几种现象。

（1）发生沉淀：两种或两种以上的液体配合在一起时，各成分之间发生化学变化，生成沉淀。例如，葡萄糖酸钙与碳酸盐、水杨酸盐、苯甲酸钠、乙醇配伍，安钠咖与氯化钙、酸类、碱类药物配伍时，会发生沉淀等。

（2）产生气体：在配制过程中或配制后放出气体，产生的气体可冲开瓶塞，使药物喷出，药效改变，甚至容器爆炸等现象。例如，碳酸氢钠与酸类、酸性盐类配合时，就会发生中和、产生气体等。

（3）变色：变色是由于药物间发生化学变化，或受光、空气影响而引起。变色可影响药效，甚至使药完全失效。易引起变色的有亚硝酸盐类、碱类和高铁盐类，例如碘及其制剂与鞣酸配合会发生脱色，与含淀粉类药物配合则呈蓝色。

（4）燃烧或爆炸：燃烧或爆炸多由强氧化剂与还原剂配合所引起。例如，高锰酸钾与甘油、糖与氧化剂、甘油和硝酸混合或一起研磨时，均易发生不同程度的燃烧或爆炸。

①强氧化剂有高锰酸钾、过氧化氢、漂白粉、氯化钾、浓硫酸、浓硝酸等。

②还原剂有各种有机物质、活性炭、硫化物、碘化物、磷、甘油、蔗糖等。

（二）物理性配伍禁忌

某些药物配伍时，由于物理性状的改变而引起药物调配和临床应用困难、疗效降低称为物理性配伍禁忌。物理性状的改变常表现为分离、析出、潮解、液化。

模块四　鸡的生产技术

第一节　蛋鸡的养殖技术

一、蛋鸡的主要品种

(一) 白壳蛋鸡主要品种

1. 京白鸡

京白鸡是北京市种禽公司在引进国外鸡种的基础上选育成的优良蛋用型鸡。京白鸡具有体型小、耗料少、产蛋多、适应性强、遗传稳定等特点。目前，京白鸡的配套系是北京白鸡938。京白鸡是根据羽速鉴别雌雄。其主要生产性能指标是，0~20周龄成活率94%~98%，21~72周龄成活率90%~93%。72周龄日产蛋数300枚，平均蛋重59.42克，料蛋比(2.23~2.32):1。

2. 海兰 (白)

海兰白鸡由美国海兰国际公司培育。现有2个白壳蛋鸡配套系：海兰W-36和海兰W-77。其特点是体型小、性情温顺、耗料少、抗病力强、产蛋多、脱肛及啄羽的发病率低。海兰W-36白壳蛋鸡的主要生产性能指标是，育成期成活率97%~98%，0~18周耗料量5.66千克；达50%产蛋率日龄155天，高峰产蛋率93%~94%，80周龄日产蛋数330~339

枚，产蛋期成活率96%，料蛋比1.99：1。

（二）褐壳蛋鸡主要品种

1. 依莎褐蛋鸡

依莎褐蛋鸡是法国依莎褐公司培育出的四系配套杂交鸡，是目前国际上优秀的高产蛋鸡之一。其遗传潜力为年产蛋300枚，该公司保证其年产蛋水平260～270枚。生产性能指标是：0～20周龄成活率为98%，21～74周龄成活率为93%，76周龄入舍母鸡产蛋数292枚。达50%产蛋率平均日龄168天，产蛋高峰周龄27周龄，高峰期产蛋率92%，74周龄产蛋率为66.5%。

2. 海兰褐蛋鸡

海兰褐蛋鸡是美国海兰国际公司培育的高产蛋鸡。其特点是产蛋多、死亡率低、饲料报酬高、适应性强。主要生产性能指标为：育成期成活率96%～98%，产蛋期成活率95%，达50%产蛋率的日龄151天，高峰期产蛋率93%～96%。72周龄入舍鸡产蛋数298枚，产蛋量19.4千克，80周龄入舍鸡产蛋数355枚，产蛋量21.9千克，料蛋比（2.2～2.5）：1。

3. 罗曼褐壳蛋鸡

罗曼褐壳蛋鸡是德国罗曼集团公司培育的高产蛋鸡品种，其特点是产蛋多、蛋重大、饲料转化率高。主要生产性能指标是，达50%产蛋率的日龄145～150天；高峰期产蛋率92%～94%；产蛋12个月产蛋数295～305枚，平均蛋重63.5～65.6克，料蛋比（2.0～2.1）：1。

（三）粉壳蛋鸡主要品种

1. 海兰粉壳鸡

海兰粉壳鸡是美国海兰公司培育出的高产粉壳鸡，我国近

年才引进，主要饲养在北京等地。其生产性能指标是：0～18
周龄成活率为98%；达50%产蛋率平均日龄155天；高峰期
产蛋率94%；20～74周龄饲养年产蛋数290枚，成活率达
93%；72周龄产蛋量18.4千克；料蛋比2.3：1。

2. 亚康蛋鸡

亚康蛋鸡是以色列PBU公司培育的，生产性能指标是：
育成期成活率95%～97%；产蛋期成活率94%～96%；达
50%产蛋率日龄152～161天；80周龄产蛋数330～337枚，平
均蛋重62～64克。

3. 京白939粉壳蛋鸡

京白939粉壳蛋鸡是北京种禽公司新近培育的粉壳蛋鸡高
产配套系。它具有产蛋多、耗料少、体型小、抗逆性强等特
点。商品代能通过羽速鉴别雌雄。主要生产性能指标是：0～
20周龄成活率为95%～98%；20周龄体重1.45～1.46千克；
达50%产蛋率日龄155～160天；进入产蛋高峰期24～25周；
高峰期最高产蛋率96.5%；72周龄入舍鸡产蛋数270～280
枚，成活率达93%；72周龄入舍鸡产蛋量16.74～17.36千
克；21～72周龄成活率92%～94%；21～72周龄平均料蛋比
（2.30～2.35）：1。

二、蛋鸡的饲养管理

（一）育雏期饲养管理

雏鸡在0～6周龄这段时间为育雏期。其饲养管理总的要
求是根据雏鸡生理特点和生活习性，采用科学的饲养管理措
施，创造良好的环境，以满足鸡的生理要求，严格预防各种疾
病发生，提高成活率。

1. 雏鸡的生理特点

（1）体温调节机能差。雏鸡绒毛稀短、皮薄、皮下脂肪少，保温能力差。其体温调节机能在 2 周龄后才逐渐趋于完善，维持适宜的育雏温度，对雏鸡的健康和正常发育是至关重要的。

（2）生长发育迅速，代谢旺盛。雏鸡 1 周龄体重约为出生重的 2 倍；6 周龄时约为 15 倍。其前期生长发育迅速，在营养上要充分满足其需要。由于生长迅速，雏鸡的代谢很旺盛，单位体重耗氧量是成鸡的 3 倍。在管理上必须满足雏鸡对新鲜空气的需要。

（3）消化器官容积小、消化能力弱。雏鸡消化器官还处于发育阶段，进食量有限，消化酶分泌能力不太健全，消化能力差。所以，配制雏鸡料时，必须选用质量好、易消化、营养水平高的全价饲料。

（4）抗病力差。幼雏由于对外界的适应力差，对各种疾病的抵抗力也弱，在饲养管理上稍有疏忽，即有可能患病。在 30 日龄之内雏鸡的免疫机能还未发育完善，虽经多次免疫，自身产生的抗体还难以抵抗强的病原微生物侵袭。因此，必须为其创造一个安全的环境。

（5）敏感性强。雏鸡不仅对环境变化很敏感，而且由于生长迅速，对一些营养素的缺乏和一些药物以及真菌等有毒有害物质的反映也很敏感。所以，应注意环境控制和饲料的选择以及用药的慎重。

（6）群居性强、胆小。雏鸡胆小，缺乏自卫能力，喜欢群居。比较神经质，对外界的异常刺激非常敏感，易引起混乱炸群，影响雏鸡正常的生长发育和抗病能力。所以需要保持环境安静以及避免新奇的颜色，防止鼠、雀、兽等动物进入鸡舍。同时，注意饲养密度的适宜性。

（7）初期易脱水。刚出壳的雏鸡体内含水率在75%以上，如果在干燥的环境中存放时间过长，则很容易在呼吸过程中失去很多水分，造成脱水。育雏初期干燥的环境也会使雏鸡因呼吸失水过多而增加饮水量，影响其消化机能。所以，在出生之后的存放、运输及育雏初期应注意湿度的问题，就可以提高育雏成活率。

2. 管理要点

（1）密度：1～3周龄20～30只/平方米，4～6周龄10～15只/平方米；笼养为1～3周龄50～60只/平方米，4～6周龄20～30只/平方米，注意强弱分群饲养。

（2）温度：温度对于育雏开始的1～3周极为重要。刚出壳的小鸡要求35℃，此后每5天降低1℃，在35～42日龄时，达到20～22℃。

注意观察，如发现鸡倦怠、气喘、虚脱表示温度过高；如果幼鸡挤作一团，吱吱鸣叫表示温度过低。

（3）湿度：湿度过高，影响水分代谢，不利于羽毛生长，易繁殖病菌和原虫等，尤其是球虫病。湿度过低，不仅雏鸡易患感冒，而且由于水分散发量大，影响卵黄吸收，同时引起尘埃飞扬，易诱发呼吸道疾病，严重时会导致小鸡因脱水而死亡。适宜的相对湿度为10日龄前60%～70%；10日龄后在55%～60%。湿度控制的原则是前期不能过低，后期应避免湿度过高。

（4）饮水：饮水也是育雏的一项关键环节，雏鸡出壳后，应尽早供给饮水。雏鸡首次饮水时宜饮温水，水中可加入5%

的糖及适量的维生素和电解质，能有效地提高雏鸡的成活率。雏鸡给水水温与环境温度温差不应过大。

（5）饲喂：雏鸡在进入育雏舍后先饮水，隔 3 ~ 4 小时就可以开食。选用易消化的雏鸡开食料，饲喂次数在第一周龄每天 6 次，以后每周可减少 1 次，直到每天 3 次为止。

（6）通风：可调节温度、湿度、空气流速、排除有害气体，保持空气新鲜，减少空气中尘埃，降低鸡的体表温度等。通风与保温是矛盾的，应注意观察鸡群，以鸡群的表现及舍内温度的高低，来决定通风的次数与时间长短。

（7）光照：原则上第一周光照强，两周以后避免强光照，照度以鸡能看到采食为宜。光照时间，开始第一周每天 22 ~ 24 小时，第 2 ~ 8 周龄 10 ~ 12 小时，第 9 ~ 18 周龄 8 ~ 9 小时。

（8）分群：适时疏散分群，是雏鸡健康生长，减少发病，提高成活率的一项重要措施。分群时间应根据密度、舍温等情况而定。一般是在 4 周龄时进行第一次分群，第二次应在 8 周龄时进行。具体是将原饲养面积扩大 1 倍，根据鸡只强弱、大小分群。

（9）断喙与修喙：7 ~ 11 日龄是第一次断喙的最佳时间；在 8 ~ 10 周内进行修喙。在断喙前一天和后一天的饮水（或饲料）中可加入维生素 K3，每千克水（或料）中约加入 5 毫克。

（10）抗体监测与疫苗免疫：应根据制订的免疫程序进行。有条件的鸡场应该在免疫以后的适当时间进行抗体监测，以掌握疫苗的免疫效果，如免疫效果不理想，应采取补救措施。

（二）育成期饲养管理（7～20 周龄）

7 周龄到产蛋前的鸡称为育成鸡。育成期总目标是要培育出具备高产能力，有维持长久高产体力的青年母鸡群。

1. 育成鸡培育目标

体重符合标准、均匀度好（85% 以上）；骨骼发育良好、骨骼繁育应和体重增长相一致；具有较强的抗病能力，在产前确实做好各种免疫，保证鸡群安全度过产蛋期。

2. 雏鸡向育成鸡的过渡

（1）逐步脱温，雏鸡在转入育成舍后应视天气情况给温，保证其温度应在 15～22℃。

（2）逐渐换料，换料过渡期用 5 天左右时间，在育雏料中按比例每天增加 15%～20% 育成料，直到全部换成育成料。

（3）调整饲养密度，平养 10～15 只/平方米，笼养 25 只/平方米。

3. 生长控制

育成期的饲养关键是培育符合标准体重的鸡群，以使其骨架充实，发育良好。因此从 8 周龄开始，每周随机抽取 10% 的鸡只进行称重，用平均体重与标准体重相比较。如果体重低于标准，就应增加采食量和提高饲料中的能量与蛋白质的水平；如体重超过标准，可减少饲料喂量。同时，应根据体重大小进行分群饲喂，保证其均匀度。

4. 光照

总的原则是育成期宜减不宜增、宜短不宜长。以免开产期过早，影响蛋重和产蛋全期的产蛋量。封闭式鸡舍每日光照最好控制在 8 小时，到 20 周龄之前，每周递增 1 小时，一直到每日光照 15～17 小时为止。开放式鸡舍，在育成期不必补充光照。

（三）产蛋期饲养管理（20 周龄至淘汰）

育成鸡培育到 18 周龄以后，就要逐步转入产蛋期饲养管理，进入 20 周龄以后，就要完全按照产蛋期管理。

产蛋期管理的基本要求是，合理的生活环境（光照、温度、相对湿度、空气成分）；合理的饲料营养；精心的饲养管理；严格的疫病防治。使鸡群保持良好的健康状况，充分发挥优良品种的各种性能，为此必须做到科学饲养、精心管理。

1. 提供良好的产蛋环境

开产是小母鸡一生中重大转折，产第一枚蛋对其是一种强刺激，应激相对较大。产蛋前期，生殖系统迅速发育成熟、体重仍在不断增长，因产蛋率迅速上升导致的生理应激反应非常大，由于应激效应致使蛋鸡适应环境能力和抵抗疾病能力下降，所以，应尽可能减少外界干扰、减轻应激。

2. 满足鸡的营养需要

从 18 周龄开始，应给予高水平的产前料。在开产直到50% 产蛋率时，粗蛋白应保证在 15%；以后要根据不同产蛋率，选择使用蛋鸡料，保证其产蛋所需。

产蛋高峰期如果在夏季，应配制高能、高氨基酸营养水平的饲料，同时应加入抗热应激的药物。

蛋鸡每天喂量 3～4 次，加量均匀。同时要保证不间断供给清洁饮水。

3. 光照管理

产蛋鸡的光照应采用渐增法与恒定光照相结合的原则，光照强度为 3～4 瓦/平方米，光照时间从 20 周龄开始，每周递增 1 小时，直至每天 17 小时。光照时间与强度不得随意变更。

4. 做好温度、湿度和通风管理

产蛋鸡的适宜温度为 13~23℃，湿度为 55%~65%，通风应根据生产实际，尽可能保证空气新鲜和流通。

5. 经常观察鸡群并做好生产记录

健康与采食、产蛋量、存活、死亡和淘汰、饲料消耗量等都应该详细记录。在产蛋期，应该注意经常观察鸡群，发现病鸡时应迅速进行诊断治疗。

第二节 肉鸡的养殖技术

一、肉鸡的生产特点与品种

（一）肉鸡的生产特点

1. 肉仔鸡的生活习性

（1）生长发育快。肉仔鸡增重极快，要喂给营养充足、容易消化的饲料才能满足生长发育的营养需要。据测定，肉仔鸡的相对增重率第 2 周为 58.33%，第 3 周为 46.7%，7、8 周为 16%~19%。目前，规模养殖场户已做到 6 周龄出栏，出栏体重 2.5 千克左右，料肉比 2∶1。由于肉仔鸡生长强度大，而消化道短，饲料通过较快（2~3 小时），因此对粗纤维的吸收利用率极低，对饲粮的全价性和易消化性要求高。

（2）抗寒力差，要求环境温度条件较高。肉鸡的体温一般在 40.8~41.5℃之间，所以它必须在冬暖夏凉、通风良好的环境中饲养。初出壳的雏鸡，体温比成年鸡要低 3℃，经过 10 天以后才能达到正常体温，加上雏鸡绒毛短而稀，不能御寒，所以雏鸡对环境的适应能力不强，必须依靠人工保温，雏鸡才能正常生长发育。30 天以上的小鸡羽毛基本上长满长齐，可以不用保温。

（3）抗病力弱。肉仔鸡特别是雏鸡阶段，很容易受到有害微生物的侵袭，因此，除做好环境的清洁卫生外，还要做好预防保健工作。如鸡舍严禁外人进出，环境和笼具要定期消毒，各个品种的肉鸡都要定期注射各种疫苗，应用一定的防病、保健药物。

（4）容易惊群。肉鸡胆小，特别是雏鸡阶段很容易惊群，轻者拥挤，生长发育受阻；重者相互践踏引起伤残和死亡。因此，要选择和保持肉鸡养殖环境的安静。粗暴的管理，突来的噪音，狗、猫闯入，追逐捕捉等都可能引起鸡群骚乱，影响到肉鸡的生长。

（5）怕潮湿。肉仔鸡宜在干爽通风的环境中生长，如果饲养环境潮湿、污浊，一些病原菌和真菌就容易生长繁殖，构成对肉鸡健康的威胁。另外鸡舍内阴暗潮湿，散落的鸡粪会生物发酵，产生有毒、有害气体，使鸡容易得呼吸道疾病。

（6）肉仔鸡育肥后期体重较大、运动减少，易患胸囊肿、腹水症及猝死综合征，应注意加强饲养管理。

2. 肉鸡生产的特点和优势

（1）生长速度快，饲料报酬高。

（2）饲养周期短，资金周转快。

（3）饲养密度大，劳动生产率高。

（4）设备利用率高，适宜于集约化均衡生产。

（5）肉质鲜美细嫩，营养丰富，深受消费者欢迎。

（二）肉鸡品种与鸡苗选择

1. 肉鸡品种

（1）国内优良肉鸡品种：①三黄胡须鸡，产于广东省东江流域的惠阳等地。②北京油鸡，产于北京市郊区，以肉质细嫩、鸡肉味香浓等特点著称。③河田鸡，原产于福建省西南地区。④固始鸡，原产于河南固始地区。⑤清远麻鸡，产于广东省清远市一带。⑥桃源鸡，产于湖南省桃源县，耐粗饲、肉质好，黄羽或黄麻羽。

（2）引进品种。际上看，现代生产商品肉鸡普遍应用以现代育种理论和方法培育成的品系配套杂交鸡。一般为品系配套，父系与母系分别为不同的两个品种，父系父本、父系母本以及母系父本、母系母本又分别为不同品系。父系多为生长速度快，胸肉、腿肉发育好的品种，比如考尼斯鸡；母系多为产蛋量较高，而且肉用性能也好的品种，如白洛克鸡。经过双杂交育出的商品代肉鸡，生长快、饲料转化率高，7周龄体重可达2.0千克，每千克体重耗料在1.8～2.0千克。

目前，世界上有几十家家禽育种公司，其中美国占绝大多数。由于外贸出口需要，我国从20世纪60年代中期开始引入父母代。对外开放以后，引入数量不断增加，不仅有父母代，还引进了祖代和曾祖代鸡，推动了我国的肉鸡业发展。就目前实际饲养效果看，艾维茵、爱拔益加（AA）罗曼、星布罗等几个品种的肉鸡，在我国大部分地区表现较好生产性能，而且饲养规模日益扩大。

①艾维茵，是美国艾维茵国际家禽有限公司培育的白羽鸡，肉料比为1：1.91。②爱拔益加，原产地美国，一般简称为"AA"肉鸡，肉料比为1：2.18。③罗曼鸡，原产于德国，

是罗曼公司培育的，肉料比为1:2.05。④星布罗，原产于加拿大，是加拿大雪佛公司培育的，肉料比为1:2.16。⑤哈巴德，原产于美国，是美国哈巴德公司育成的白羽配套系，肉料比为1:2.25。⑥狄高，狄高肉鸡是世界著名的肉鸡品种，为澳大利亚狄高公司培育的黄羽配套肉鸡，肉料比为1:2.25。

2. 鸡苗选择要点

"好场养好鸡，好鸡产好蛋，好蛋出好苗"。鸡苗品质好，雏鸡易饲养、经济效益高。因此，种鸡企业管理水平的高低、种蛋品质的好坏，直接影响商品肉鸡的生产水平。种鸡、种蛋的孵化有严格的质量保障，才能生产出品质优良的鸡苗。

作为肉鸡饲养者，首先要选择那些具有现代化的企业制度、科学的经营决策、先进的工艺设备、规范的饲养管理、全面的质量控制、完善的技术服务等运营机制的种鸡生产企业生产的雏鸡，这是肉鸡饲养成功的先决条件。

选择雏鸡的原则：

（1）雏鸡应来源于健康的白痢、支原体阴性的种鸡群。

（2）雏鸡应孵自不得小于50克的种蛋。

（3）雏鸡大小和颜色均匀。

（4）雏鸡全身状况清洁、干燥，绒毛蓬松，带有光泽。

（5）眼睛圆而明亮，行动机敏，健康活泼。

（6）脐部愈合良好，无感染和脐炎。

（7）肛门周围羽毛不粘贴成糊状。

（8）脚的皮肤要光亮如蜡，不能呈干燥、脆弱状。

（9）不能有明显的瘸腿、歪头、瞎眼、交叉喙等缺陷。

具备上述条件的雏鸡，在孵化场经严格挑选后分级装入专用雏鸡箱，由专人运送到达鸡舍。

二、肉用仔鸡的饲养管理

（一）饲养方式

肉用仔鸡的饲养方式主要有 4 种。

1. 厚垫料饲养

利用垫料饲养肉用仔鸡是目前国内外普遍采用的一种方式。其优点是投资少，简单易行，管理也比较方便，胸囊肿和外伤发病率低；缺点是需要大量垫料，常因垫料质量差，更换不及时，肉鸡与粪便直接接触易诱发呼吸道、消化道疾病和球虫病等。垫料以稻壳、刨屑、枯松针为好，其次还可用铡短的稻草、麦秸，压扁的花生壳、玉米芯等。垫料应清洁、松软、吸湿性强、不发霉、不结块，注意要经常翻动，保持疏松、干燥、平整。

垫料饲养可分厚垫料和薄垫料饲养。其中厚垫料饲养应用相对多一点，其方法是：进雏前在地面铺上 10 厘米厚的垫料，随着雏鸡逐渐长大，垫料越来越脏污，所以应经常翻动垫料或在旧垫料上定期添加一层新垫料，并注意清除饮水器下部的湿垫料。这样待鸡出栏后将垫料和粪便一次清除。

2. 网上平养

这种方式多以三角铁、钢筋或水泥梁制作支架，其水平面离地 50～60 厘米高，上面铺一层铁丝网片，也可用竹排代替铁丝网片。为了减少腿病和胸囊肿病的发生，可在平网上铺一层弹性塑料网。这种饲养方式不用垫料，有效降低了劳动强度，可提高饲养密度 25%～30%；而且由于粪便从网洞直接漏下，避免了肉鸡与粪便直接接触，有效减少了雏鸡球虫病的发生。缺点是一次性投资大，饲养大型品种肉用仔鸡，育肥后期胸囊肿病的发病率较高。

3. 笼养

目前，欧洲、美国、日本等发达国家的肉鸡养殖场，多是利用全塑料鸡笼并采用笼养工艺，近年来，国内肉用仔鸡笼养也呈现加快发展的态势。肉鸡笼养可提高饲养密度 2~3 倍，劳动效率高，节省取暖、照明费用，不用垫料，减少了球虫病的发生，缺点是一次性投资大，对电的依赖性大。

4. 笼（网）养与平养相结合

不少地区的肉鸡饲养者，在育雏取暖阶段采用笼（网）养，转群后改为地面厚垫料饲养。这种方式由于前期在笼（网）养阶段体重小，胸骨囊肿发生率也低，细菌病、球虫病大为减少，提高了成活率和劳动生产率。

在对以上肉鸡饲养方式有充分了解之后，饲养者可根据当地条件和自身经济状况，选择最适当的肉鸡饲养方式。

（二）肉仔鸡的营养需要

满足营养需要是充分发挥肉用仔鸡快速生长特点的首要条件。优良品种具有快速生长的遗传潜力，但如果不能满足营养需要，遗传潜力根本发挥不出来。随着营养学的发展，肉鸡日粮配合日趋完善，其生产效益也大为提高。

1. 肉用仔鸡营养要求特点

（1）要求各种养分齐全充足。任何微量成分的缺乏或不足都会出现病理状态。在这方面，肉用仔鸡比蛋用雏鸡更为敏感，反应更为迅速。

（2）要求高能量、高蛋白，以充分发挥最大的遗传潜力，获得最好的增重效果。

（3）要求各种养分的比例平衡适当，从而提高饲料利用率，降低饲料成本。

2. 肉用仔鸡的营养需要量

按照肉用仔鸡生长规律和生长需要，为使肉鸡生长的遗传潜力得到充分发挥，应保证供给肉鸡高能量、高蛋白，维生素和微量元素营养成分丰富而且平衡的全价配合饲料。在前期应重点满足肉用仔鸡对蛋白质的需要。如果饲料中蛋白质的含量低，不能满足早期快速生长的需要，生长发育就会受阻，其结果是单位体重耗料增多；在后期要求肉用仔鸡在短期内快速增重，并适当沉积脂肪以改善肉质。所以后期对能量要求突出，如果日粮不与之相应适，就会导致蛋白质的过量摄取，从而造成浪费，甚至会出现代谢障碍等不良后果。

肉鸡从前期料改变为后期料的时间适度提前可以降低饲养成本，但不应影响肉鸡生长发育。在生产中，要避免单纯以低价原则确定饲料的做法，因为不同差价的饲料，反映在饲养效果上也不一样，可能的结果是：便宜的饲料反不如成本稍高的饲料盈利多。快大型的肉用仔鸡，饲料中能量水平在 12.97～14.23 兆焦/千克范围内，增重和饲料效率最好；而蛋白质含量以前期 22%、后期 20% 的水平生长最佳。根据我国当前的实际情况，肉用仔鸡饲料的能量水平以不低于 12.13～12.55 兆焦/千克、蛋白质含量前期不低于 21%、后期不低于 18% 为宜。

肉用仔鸡的饲养可分为两段制和三段制。两段制是 0～4 周龄喂前期饲料，属育雏期；4 周龄以后则喂后期饲料，属肥育期。我国肉用仔鸡的饲养标准属两段制，现已得到广泛应用。当前肉鸡生产发展，总的趋势是饲养周龄缩短、提早出栏，并推行三段制饲养。三段制是 0～3 周龄属育雏期，喂前期料；4～5 周龄属中期，喂肥育前期料；6 周龄后饲喂肥育后期料，一般为6周（42天）出栏。目前，饲养管理好的养鸡场已成功做到5周达到出栏体重，提前1周出栏。三段式更符合肉用仔鸡的生长特点，饲养效果较好。

（三）实行自由采食

从第一日龄开始喂料起一直到出售，对肉用仔鸡应采用充分饲养，任其自由采食，能吃多少饲料就投喂多少饲料，而且想方设法让其多吃料。如增加投料次数，炎热季节加强夜间喂料等。通常肉用仔鸡吃的饲料越多、长得越快，饲料利用率越高，因此应尽可能诱使肉鸡多吃料。

（四）料型

喂养肉用仔鸡比较理想的料型是前期使用破碎料，中、后期使用颗粒料。采用破碎料和颗粒饲料可提高饲料的消化率、增重速度快，减少疾病和饲料浪费，延长脂溶性维生素的氧化时间。在采用粉料喂肉用仔鸡时，一般都是喂配制的干粉料，采取不断给食的方法，少给勤添。为提高饲料的适口性，使鸡易于采食、促进食欲，在育雏的前7～10天可喂湿拌料，然后逐渐过渡到干粉料，这对提高育雏期的成活率，促进肉用仔鸡的早期生长速度比较有利。应注意防止湿拌料冻结或腐败变质，当饲料从一种料型换到另一种料型时，注意逐渐转变的原则，完成这种过渡有两种方法：一是在原来的饲料中混入新的饲料，混入新饲料的比例逐渐增加；二是将一些新的喂料器盛入新的饲料放入舍内，这些喂料器的数量逐日增加，盛原来饲料的喂料器则逐步减少。无论采用哪种过渡法，一般要求至少要有3～5天的过渡时间。

（五）喂料次数和采食位置

一般采用定量分次投料的方法，喂饲次数可按第一周龄每天 6 次，第二周龄每天 5 次，第三周龄起每天 4 次，第 4 周龄 3 次，一直到出售。增加喂料次数可刺激鸡的食欲，减少饲料的浪费，但也不宜投料次数过多。否则，不仅影响鸡的休息，而且对于饲料的消化吸收和鸡的生长也不利。另外，由于多次喂料，每天每次喂料量就较少，容易出现强弱分离，鸡群均匀度降低，反而影响全群增重。喂养肉用仔鸡应有足够的喂料器，可按第一周龄每 100 只鸡使用一个雏鸡运输箱喂料。1 周龄后每只鸡应有 5 厘米以上的采食位置用料桶喂料器（20～30 只鸡一个），应注意料桶的边缘与鸡背等高（一般每周调整一次），以防饲料被污染或造成浪费。

（六）饮水

饲养肉用仔鸡应充分供水，水质良好，保持新鲜、清洁，最初 5～7 天饮温开水，水温与室温保持一致，以后改为饮凉水。通常每采食 1 千克饲料需饮水 2～3 千克，气温越高，饮水量越多。

一般每 1000 只成年肉鸡需要 30 个 6 千克的饮水器或 10 个普拉松自动饮水器。不论使用何种饮水器，每只鸡至少应有 2.5 厘米的直线饮水位置，饮水器边缘的高度应经常调整到与鸡背高度一致，饮水器下面的湿垫料要经常更换。每天早、晚应注意消毒和清洗饮水器，并及时更换上新鲜的水，保持饮水器中不断水，而且将饮水器均匀地摆布在喂料器附近，使鸡只很容易找到水喝。

（七）肉用仔鸡的管理

1. 温度

肉用仔鸡有 1/3 左右的时间需要供暖，因此控制适宜的温度就显得特别重要，它对于提高成活率和生长速度及饲料利用效率关系极大。与蛋鸡比较，肉鸡对温度的要求有两个显著特点：一是肉鸡要求有适当的温差，特别是前期。因为适当的低温可以刺激食欲，提高采食量，从而促进生长。二是脱温后舍内温度要求较为严格，以保持在20℃左右为最好。因为温度在20℃以下，温度越低维持需要的能量消耗越大，饲料效率越低。温度在21℃以上，温度越高采食量越少饮水量越多，增重速度降低。

通常情况下，鸡群本身的表现就可判断温度是否适宜。鸡只分散均匀、食欲旺盛，为温度合适。鸡只分群挤堆、靠近热源，为温度过低。鸡只张开翅膀喘气、远离热源、大量饮水，为温度过高。饲养者应经常观察鸡群的这种动态，注意随时调节控制好适宜的温度，才能获得良好的饲养效果。

养育肉用仔鸡的温度通常可参考育雏的温度，但要注意掌握温度不可偏高，特别是后期更是如此。肉用仔鸡生长快，饲养密度大，后期皮下已积存一定量脂肪，所以前两周温度稍高影响不大，从第3周起应注意降温，否则会影响生长速度，增加死亡率和降低屠体等级。供温标准可掌握在前2日35～33℃，以后每天降低0.5℃左右，从第5周龄开始维持在21～23℃即可。根据鸡群和天气情况应注意"看鸡施温"，以鸡群感到舒适，采食、喝水、活动、睡眠等正常为最佳标准。切忌温度忽高忽低，寒冷季节不能使鸡受到贼风的侵袭，炎热天气应注意防暑降温。

2. 湿度

肉用仔鸡适宜的相对湿度范围是55%～65%。最初10天可高一些，这对促进卵黄吸收和防止雏鸡脱水有利。以后相对湿度应小些，保持舍内干燥，以防垫料潮，引起球虫病等。

3. 通风

由于肉鸡饲养密度大，生长快，加强舍内环境通风、保持空气的新鲜是非常必要的。通风的目的是减少舍内有害气体，增加氧气，使鸡体处于健康的正常代谢之中。同时通风又能降低舍内湿度，保持垫料干燥，减少病原繁殖。鸡舍通气不良，舍内有害气体含量长时间过高，不仅影响肉鸡生长速度，还可能引起呼吸系统疾病。当氨气浓度长时间超过 20ppm 时，鸡眼结膜受刺激，可能导致失明。空气缺氧会使肉仔鸡腹水症发生率大为提高。鸡群的生长速度和成活率都会大受影响。

注意经常通风换气，鸡舍内保持空气新鲜和适当流通，使鸡免受过多氨气、硫化氢、二氧化碳的危害，这是养好肉鸡的先决条件。足够的氧气可使鸡只维持正常的新陈代谢，保持健康。空气流通一方面可及时排除有害气体，同时能控制舍内湿度，使垫料保持良好的状态。人进入鸡舍内不应感到有强烈的刺激味，甚至眼睛流泪，也不应有憋气的感觉。为此，在注意温度的同时，根据天气的状况（特别是早春、晚秋和寒冷的冬季）应经常调节门窗、通气孔，帘布开启的大小，以使舍内保持空气新鲜，对于 3 周龄以后的鸡，尤其应注意加强通风换气。

4. 光照

光照的目的是延长肉仔鸡的采食时间促进生长速度，但光线不宜过强。一般第一周 23 小时的光照 1 小时的黑暗；从第二周龄起，白天利用自然光照，夜间每次喂料、饮水时可开灯照明 0.5～1 小时，然后黑暗 2～4 小时，采用照明和黑暗交错进行的方式。光照强度的原则是由强到弱。开始 1～2 周龄 2.7～3.5 瓦/平方米（灯高 2 米、灯距 3 米、带灯罩），这可帮助仔鸡熟悉环境，充分采食和饮水。从第三周龄起 1.3 ～ 2.1 瓦/平方米的光照强度即可。为保持整个舍内光照强度均匀，最好用功率小于 60 瓦的灯泡，均匀安装并加灯罩。应注意随时更换破损灯泡，每周将灯泡擦拭一次，以保持舍内适宜的亮度。

对不同光照制度的研究证明：每天给予 1 ～ 2 小时的光照与 2 ～ 4 小时的黑暗交替循环进行的光照方案比连续光照增重快、死亡率低、饲料报酬高。

5. 饲养密度

密度的完整概念应包含 3 方面的内容：一是每平方米面积养多少只鸡，二是每只鸡占有多少食槽位置，三是每只鸡饮水位置够不够。三方面缺一不可。

饲养密度是否恰当，对养好肉用仔鸡和充分利用鸡舍有很大关系。肉用仔鸡平面垫料饲养时，每单位面积饲养的只数决定于肉用仔鸡体重的大小。如果饲养密度太大，鸡的生长发育就会受到抑制，同时鸡只的个体间体重差异大，发育不良的个体增多，易出现啄癖，死亡率也增高。网上平养和笼养方式比地面垫料平养饲养密度可提高 30% ～ 100%。

冬季通风条件好，饲养密度可高一点；夏季通风设施差，饲养密度应适当低些。

6. 适当的肥育期限

肥育期限与经济效益密切相关，而经济效益受品种性能、生长速度、饲料品质及市场价格等多种因素的影响。一般地说，达到一定活重所需天数越短，饲料消耗越少，鸡舍的使用时间越短，鸡舍周转率就越快，而且承担风险也少。从肉鸡的绝对增重和饲料转化率来看，在 6 ～ 8 周龄出栏经济效益最高。

目前，我国饲养的快大型肉鸡，无论是作为整鸡、带骨肉鸡用，还是作为分割净肉用，一般以56日龄左右出栏上市较为经济。国外肉用鸡的肥育期限从20世纪60年代的9周龄，到目前已缩短为6~7周龄出栏上市。

7. 肉鸡的绝食与送宰

肉用鸡达到要求体重时，要及时拉运到屠宰厂。送宰前断食8~10小时最合适，如果断食时间太长，不仅肉鸡失重太大，而且对胴体品质和等级均有一定影响。所以，出场前4~6小时应使鸡将饲料吃完，饮水可继续供应。送鸡装笼的时间，夏季应安排在清晨或夜晚，冬季在中午较合适。肉用鸡体重大、骨质相对脆嫩，在转群和出场过程中，抓鸡装运非常容易发生腿脚和翅膀断裂伤损的情况。由此产生的经济损失是非常可惜的。抓鸡前首先要制造一种让鸡群安定的环境，在尽量暗的灯光下进行。抓鸡前将鸡舍光线变暗或变成蓝光或红光，然后移走料桶、饮水器等所有器具，以避免鸡只受到机械性损伤。抓鸡要得法，对抓鸡人员要进行训练，抓鸡时不应提抓鸡翅膀，应抓胫部，避免骨折或出现"血印"。入笼、装车、卸车、运输、放鸡时动作要轻巧稳妥，不能粗暴操作，以防碰伤，造成不必要的经济损失。往笼子里放应注意轻放，防止甩扔动作。每笼不能装鸡过多，否则运输过程中还可能造成伤亡。

三、降低肉鸡死淘率的主要措施

（一）注重卫生防疫，防止意外事故

1. 注重卫生防疫

肉鸡饲养周期短、周转快、密度大，一旦发病，传播很

快，难以控制，即使痊愈，也会对生长发育造成难以弥补的损失。因此，饲养管理过程中的防疫卫生和疾病预防显得格外重要。

在肉鸡的全程饲养管理过程中，始终要贯彻"以防为主，防治结合，防重于治"的方针，制订和落实一套完整的防疫卫生制度，执行严格的防疫灭病措施，以保证肉鸡的健康生长。这些措施主要如下。

（1）消毒。彻底搞好鸡舍及鸡舍内用具设备的消毒，采用"全进全出"的饲养制度，这给全面消毒鸡舍提供了极好的机会。当每批肉鸡出场后，应将垫料及粪便全部清理出去，然后进行彻底冲洗，冲洗前应及时把地面和墙壁上结块的粪便铲除，因为消毒对于粪块里的病原是不起作用的。

冲洗可以清除大量病原，为消毒打下良好的基础。有些饲养者寄希望于消毒而不重视冲洗是绝对不行的。冲洗以后再消毒，消毒以后再继续密闭，巩固消毒效果，并防止重新把病原带入。

冲洗过后再用清水冲净，地面可用2%～4%的烧碱溶液泼洒浸泡4～5小时，然后再用1%的二氯异氰脲酸钠溶液喷雾消毒鸡舍内外，并同时浸泡料桶、饮水器等饲养设备，最后连同垫料、用具等放入鸡舍内。当温度升至25～30℃时，每立方米鸡舍用40毫升甲醛和20克高锰酸钾熏蒸12～24小时，就基本可杀灭鸡舍内病原微生物。饲养期间饮水器每天清洗消毒1次，鸡舍每周带鸡消毒1～2次。

（2）疫苗接种。肉鸡饲养周期短，疫苗接种的种类和次数较蛋鸡和种鸡少，但应保证疫苗接种确实有效。肉鸡接种的疫苗有预防新城疫的Ⅳ系苗、传染性法氏囊苗、传染性支气管苗等，这些疫苗的接种方式多为滴鼻，点眼和饮水免疫。饮水免疫前先将饮水器清洗干净，停水时间为春夏 4 ~ 5 小时，秋冬 5 ~ 6 小时，并停止喂料。

在水中加入 0.2% 的脱脂奶粉或专用免疫增效剂，再加入疫苗，加水量为保证在 2 小时内饮完为宜。所用的疫苗应保证病毒含量足够，所用的饮水器要满足 60% 以上的鸡能同时饮水，且接种时间一定要准确。这样才能保证疫苗免疫确实有效。

疫苗使用要视具体疫苗而定，如果是进口疫苗按照说明书剂量使用，如果是国产的注射倍量可增加一些。另外如果改为滴眼或饮水也要增加倍量，一般滴眼用 2 倍量，饮水用 3 倍量。

（3）安全用药。除疫苗预防接种外，还应在某些疾病的高发期进行预防性投药。比如，在接鸡首日，饮水中加入电解多维，以防止运输应激。在 1 周龄内要喂防白痢、脐炎的药物，如沙星类抗菌药。2 周龄内要投服调节酸碱平衡和肠道菌群的药物，如百卫酸、整肠康等。3 周龄要投服防肠道疾病、慢性呼吸道病的药物，如多西环素、泰乐菌素等。4 ~ 5 周要投服抗病毒药物和防应激药物，如双黄连、黄芪多糖等。5 ~ 6 周最好投服保肝护肾、健脾胃助消化药物，比如肝肾宝等。

为了确保出栏的肉鸡无药残，养殖场用药必须事先经过药残分析和抽样检测，确认无药残超标。推荐使用中草药、益生菌活菌制剂等，严禁使用国家规定的禁用药物。

严格执行农业部 278 号公告规定的停药期规定，在送宰前 14 天起停止用青霉素、卡那霉素、氯霉素、链霉素、新霉素等半衰期较长的药物，宰前 7 ~ 14 天可根据病情继续选取用诺氟沙星、氧氟沙星、环丙沙星、大蒜素、泰乐菌素等。最后 1 周停用一切药物，所用饲料也不得含任何药物。

2. 防止意外事故的发生

肉鸡饲养过程中有时可能会发生一些意外事故，如猫、狗、黄鼬、老鼠、鸟类等危害雏鸡的安全，以及由于用火、用电不当引起的火灾，大风、暴雨、降雪导致的鸡舍坍塌等自然灾害，同时还会发生人和鸡的煤气中毒等伤亡事故。这些都应引起肉鸡饲养者足够的重视，做到预防为先，防止意外事故造成不必要的损失。

（二）饲养管理方面的几项关键技术措施

1. 实行全进全出制

所谓全进全出制是指同一栋鸡舍内（全场更好）同一时间里投入同一日龄的雏鸡，养成后又在同一时间出售。现代肉用仔鸡生产几乎都采用全进全出的饲养制度。这种饲养制度简单易行、管理方便，可以实行统一的饲养标准、统一的技术和防疫措施。仔鸡出场后，有利于彻底清扫、消毒、切断病原的循环感染。全进全出的饲养制度比在同一栋鸡舍里几种不同日龄的鸡连续生产制增重快、耗料少、死亡率低。

2. 公、母分群饲养

根据公、母鸡不同的生理特点，实行分开饲养制度，可提高经济效益。随着自别雌雄商品鸡的培育和初生雏鸡雌雄鉴别技术的普及和提高，公、母分开饲养得到了普遍重视，表现出许多优点。理由如下：

一是由于公、母鸡生长速度不同。通常 2 周龄后公鸡生长的速度快于母鸡，4、6、8 周龄时公鸡的体重比母鸡分别高 13%、20%、27%。如果公、母鸡混养，体重大小不一，食槽、水槽高低要求不同，往往顾此失彼，特别是弱小的母鸡受影响更大。分开饲养可使公、母鸡的生产性能表现得更加理想。公、母鸡的遗传性能不同，母鸡7周龄后，生长速度相对下降，每千克增重的耗料量则急剧增加，所以7周龄左右出售饲料效率高，经济合算。公鸡快速增重的时间可到9周龄，故9周龄出售，喂养重型肉鸡的效益较好。

二是由于公、母鸡对营养要求不同。公鸡沉积脂肪的能力比母鸡差，但公鸡比母鸡能更有效地利用蛋白质，从2周龄起公、母雏鸡对重要营养成分需求量就有显著差别。公鸡饲料的蛋白质水平应高于母鸡，适量添加赖氨酸可使公鸡的生长速度和饲料利用效率明显提高，母鸡则反应比较小。

三是由于公、母鸡对环境要求不同。公鸡的羽毛长得慢，母鸡羽毛长得快，所以公鸡前期对温度的要求比母鸡高，而后期则比母鸡低些；公鸡的体重大，因此胸囊肿的发病比例比母鸡高，要求垫料松散并适当加厚。

总之，实行公、母鸡分开饲养比混合饲养平均增重快，节省饲料，大小均匀，有利于机械屠宰加工、分割及包装等一系列作业。

3. 采用颗粒饲料

颗粒饲料的优点是适口性好、营养全面、比例稳定，经包装、运输、饲喂等工序不会发生质的分离和营养成分不均的现象，饲料浪费少。同时在加工成颗粒料的过程中还起到一定的消毒作用，颗粒料体积小、比重大，可促使肉鸡多吃料。所以，使用颗粒料可提高饲料利用效率的2%，增重提高3%～4%，对减少疾病和节省饲料有重要作用。

国外肉鸡生产已普遍使用颗粒饲料。目前，国内颗粒饲料加工厂也越来越多，饲养肉用仔鸡的场、户用颗粒料的也逐渐增多。颗粒直径0.3厘米左右，育雏期的料是将颗粒料再破碎，成为便于采食的细小的破碎料。

4. 加强早期饲喂

由于肉用仔鸡的生长速度很快，相对生长强度很大，如果前期生长稍有受阻，以后很难补偿。这和蛋用雏鸡有很大差别，蛋鸡在产蛋前有相当长一段时间可以弥补前期饲养的一些失误。

肉用仔鸡的早期营养来源有两部分：一部分是雏鸡出壳后卵黄囊内携带的卵黄，可消化吸收作为营养物质利用。另一部分是采食饲料，即吃进营养物质。

卵黄囊内卵黄的消化吸收速度有它本身的规律。在早期室温适宜、饮水充足条件下吸收正常。在正常环境条件下，卵黄囊吸收速度与食入营养物质密切相关。当雏鸡出壳后开食时间晚，处于早期饥饿状态，卵黄吸收很快。正常开食，卵黄囊减重正常。加强早期饲喂，供给蛋氨酸、赖氨酸等必需氨基酸充足的日粮，可减缓卵黄囊消失的速度。这就是说，在两种营养物质交替的关键时刻，加强早期饲养能延长两种营养物质来源共同供应的时间，对当时和后来雏鸡的生长都十分有利。就像哺乳动物延长哺乳期与早期补饲相结合的营养效果。因此，出壳后的雏鸡早入舍、早饮水、早开食，加强早期饲喂，是整个饲养过程的关键措施。实践证明，有些鸡群8周龄时还达不到上市体重的要求，并不是后期生长缓慢，而是早期饲养失误，基础没有打好。

5. 保证足够的采食量

有了较高营养水平的日粮，如果采食量上不去，吃不够，肉用仔鸡的增重照样得不到好的效果。保证足够的进食量在肉用仔鸡饲养技术中占据很重要的地位。

采食量的影响因素很多，除疾病之外，主要有以下几个方面：①舍内温度过高，采食量减少。②饲料的物理性状。粉状饲料采食量低，颗粒饲料或制粒后破碎的碎裂料采食量高。③饲料有霉坏现象时影响采食量，特别是有黄曲霉的饲料，采食量上不去。④饲料本身的适口性影响采食量。如棉粕、菜籽粕，肉鸡在吃食时容易糊嘴或因饼粕中单宁含量多而适口性差，鸡不爱吃。

保证采食量的常用措施有：①在整个饲养过程中提供足够的采食位置，保证充足的采食时间。②在高温季节采取有效的降温措施，加强夜间饲喂。③改变饲料配方，提高能量蛋白水平，对有条件的厂家在夏季可以采用。④在饲料配制过程中添加香味剂。

肉用仔鸡第一周体重可达130克以上。如果前期营养差、生长慢，后期虽然有一定的补偿作用，但始终赶不上营养好、生长快的。据试验 5～8 周肉鸡龄均使用 21% 的蛋白质饲料，前期使用 23% 的蛋白质饲料比使用 21% 的蛋白质饲料体重高 3%。前期鸡的体重小，维持消耗少，虽然饲料因营养水平高，成本高一点，但鸡的生长速度比使用营养水平低的饲料长得快，饲料利用效率高，其单位增重比使用低营养水平的饲料成本低。因此，饲养肉用仔鸡，应特别注意早期饲养问题。

6. 采用弱光制度

采用弱光制度是肉用仔鸡饲养管理的一大特点。强光照会刺激鸡的兴奋性，而弱光照可降低鸡的兴奋性，使鸡经常保持安静的状态，这对肉鸡增重是很有益的。世界上肉鸡生产创造的最好成绩，就是在弱光照制度下取得的。

在育雏的最初 3 天之内可以给予较强的光照，随后则应逐渐降低。第 4 周开始必须采用弱光照，每 20 平方米用 15 瓦的光源，只要鸡只能看到采食饮水就已经够了。对于有窗鸡舍或开放式鸡舍，要采用遮光措施，避免阳光直射和光线过强。

光照时间方面，大多数肉鸡饲养者只在进雏后第一二天实行通宵照明，其他时间都是晚上停止 1 小时照明，即 23 小时光照时间。这 1 小时黑暗只是让鸡群习惯，一旦黑夜停电不致引起鸡群骚乱。这种方法既可以节省电费，也可明显提高肉鸡饲养效果。

总之，在整个饲养期间，要为肉用仔鸡提供适宜的环境、完善的营养、严格的防疫措施，并应注意每周抽测生长发育状况。日常的饲养管理中，要注意细心观察采食、粪便、鸡群的动态等，及时发现并解决处在萌芽状态的问题，做好精细管理，科学合理地处理所有的细节，并结合当地的气候环境和具体条件、不断总结自己的饲养实践经验，才能获得良好的经济效益。

第三节　鸡常见疾病的防治技术

一、鸡新城疫

1. 临床症状

潜伏期一般为 3～5 天。根据临床表现和病程控制长短可分为最急性型、急性型、亚急性型或慢性型。

最急性型：无任何症状，突然死亡。

急性型：病鸡体温升高达 42～44℃，采食量下降，精神沉郁，离群呆立，羽毛稀松，缩颈闭眼，产蛋量下降，软壳蛋增多，蛋壳颜色变浅。咳嗽、呼吸困难，吸气时伸颈呼吸，时常发出"咯咯"叫声，嗉囊充满酸臭液体。病鸡倒悬可从口中流出酸液，排黄绿色稀粪。有的病鸡有神经症状，头颈后仰呈 S 状，站立不稳，转圈运动，最后衰竭死亡。

亚急性或慢性型：早期症状不明显，渐进性瘦弱，直至死亡。

2. 防治措施

平时做好免疫接种工作。制订严格的卫生防疫措施，防止外来病原侵入鸡群。鸡新城疫苗有Ⅰ系、Ⅱ系、Ⅲ系、Ⅳ系等4 个品系。Ⅰ系为中等毒力疫苗，其他 3 种为弱毒力疫苗。弱毒苗适用于雏鸡。一般于 7～10 日龄与 30 日龄用新城疫Ⅳ系苗滴鼻和点眼免疫。接种后一般不引起不良反应。

二、马立克病

1. 临床症状

神经型：主要侵害外周神经，坐骨神经受侵害时可造成两腿瘫痪，或一腿向前伸，一腿向后伸，俗称"劈叉腿"。当侵害臂神经时，造成翅膀下垂无力。

内脏型：精神沉郁，采食下降，随着病程发展逐渐消瘦，最后至死亡。

眼型：虹膜退色，瞳孔边缘不整，失明。

2. 防治措施

蛋鸡易感马立克病，发病后没有有效的治疗方法，应以预防为主。一般于出壳后 1 日内皮下注射马立克病疫苗，平时要做好卫生消毒工作，定期带鸡消毒，做好预防接种工作。

三、传染性法氏囊病

1. 临床症状

潜伏期 2~3 天，羽毛松乱，如刺猬状，精神沉郁，食欲缺乏，体温升高，排黄白色水样稀便，病鸡最后脱水导致衰竭死亡。

2. 防治措施

加强卫生消毒工作，制订合理免疫程序。一般于 15 日龄和 24 日龄用传染性法氏囊病弱毒苗滴鼻或饮水。发病早期可紧急肌内注射高免血清或高免卵黄液 1~2 毫升，同时利用抗生素药物预防并发症。

四、传染性支气管炎

1. 临床症状

病鸡呼吸困难，伸颈张口呼吸，咳嗽，精神沉郁，羽毛松乱，翅膀下垂，且常有挤堆现象。成年产蛋鸡产蛋量下降，产软壳蛋，蛋黄和蛋白容易分离。肾型传染性支气管炎呼吸道症状轻微，但下痢且粪便中混有尿酸盐；饮水量增加，迅速消瘦。

2. 防治措施

目前对传染性支气管炎没有特效的治疗方法，临床上常用抗生素和中药制剂对其进行治疗，但效果一般不佳。免疫接种是控制本病的首选方案，H120 株疫苗适用于 14 日龄雏鸡，安全性高，免疫效果好，免疫后 3 周龄保护率可达 90%。H52 株疫苗适用于 30 日龄以上雏鸡，但有一定副作用。油乳剂灭活菌苗适用于各日龄鸡。

五、禽流感

1. 临床症状

禽流感的发病率和死亡率受多种因素的影响，高致病力毒株引起的死亡率和发病率可达100%。禽流感的临床症状较为复杂，易与鸡新城疫、鸡传染性支气管炎、鸡传染性喉气管炎、鸡传染性鼻炎、鸡慢性呼吸道病相混淆。潜伏期一般为15天，各种日龄都可感染发病。病鸡精神沉郁，羽毛蓬乱，垂头缩颈，肉子鸡出现磕头表现，采食减少甚至废绝，拉黄绿色或白色稀粪。有的鸡群表现明显的呼吸道症状，有的症状很轻。病鸡鼻腔流清水样鼻液。鸡群首先出现采食量下降、饮水量增加，随后产蛋鸡出现产蛋率大幅度下降，产蛋率可由90%以上下降到零，大部分鸡群产蛋率下降到40%～60%或40%以下。蛋壳粗糙，软壳蛋、退色蛋增多。有的鸡发病时头肿，单侧或双侧眼睑水肿，有的眼眶周围水肿，成为金鱼眼甚至失明；冠和肉垂发绀、肿胀、出血和坏死；有的出现神经症状。

2. 防治措施

目前对禽流感没有特效的治疗方法，临床上常用利巴韦林（病毒唑）、吗啉胍（病毒灵）、金刚烷胺、严迪以及中草药板蓝根、板蓝根（大青叶）对其进行治疗，但一般效果不佳。目前，主要通过注射禽流感疫苗，预防本病的发生。

六、鸡产蛋下降综合征

1. 临床症状

产蛋下降综合征感染鸡群没有特别明显的临床症状，突然出现产蛋大幅度下降，产蛋率比正常下降 20% ~ 30%，甚至 50%。同时，产薄壳蛋、软壳蛋、畸形蛋，蛋壳表面粗糙，褐壳蛋色素丧失或变浅，蛋白水样，蛋黄色淡，或蛋白中混有血液、异物等。异常蛋可占产蛋的 15% 以上，蛋的破损率增高。产蛋下降持续 4 ~ 10 周后才恢复到正常水平。刚开产的新母鸡感染本病，产蛋率不能达到预期的高峰。个别病鸡表现精神不振、食欲减少、冠苍白、羽毛松乱、体温升高以及腹泻等症状。

2. 防治措施

无有效的治疗方法。16 周龄接种产蛋下降综合征油乳剂灭活苗或在母鸡开产前接种，可以避免强毒攻击所造成的损失，保护率 100%。

七、鸡白痢

1. 临床症状

（1）雏鸡：出壳后感染的雏鸡，经 4 ~ 5 天的潜伏期后才表现出症状，死亡率逐渐增加，在 10 ~ 14 日龄死亡达到高峰。最急性死亡常无明显症状。稍缓型者表现精神沉郁、羽毛蓬松、畏寒怕冷、双翅下垂、闭眼昏睡、缩头聚集成堆；有的离群呆立、蹲伏，有的伴有呼吸困难症状。食欲减退、废绝，腹泻、拉白色糊样粪便，肛门周围绒毛被粪便严重污染，有时粪便干结封住肛门，造成排粪困难。最终因呼吸困难和心力衰竭而死亡。

（2）成年鸡：感染后常无明显症状，但多数母鸡产蛋量、种蛋受精率、孵化率下降。孵出的雏鸡成活率低，发病死亡率高。极少数母鸡表现精神委顿，头、翅下垂，排白色稀粪，产蛋停止，或因卵黄掉入腹腔而引起卵黄性腹膜炎。

2. 防治措施

磺胺类、喹诺酮类等药物对本病都有一定的疗效。磺胺类药物以磺胺嘧啶、磺胺甲基嘧啶和磺胺二甲嘧啶效果较好，拌料浓度为 0.3%，连用 5~7 天。喹诺酮类饮水浓度为 0.02%，连饮 5~7 天。

八、鸡球虫病

1. 临床症状

病鸡精神沉郁，活动减少，食欲减退，逐渐瘦弱，粪便中带血。青年鸡和成年鸡有的可耐过，但生产性能受到较大影响。

2. 防治措施

防治药物有很多，主要有氯羟吡啶（氯苯胍）、氨丙啉、克球粉、速丹、呋喃唑酮（痢特灵）等。进行药物防治时要掌握好剂量，每种药物治疗 1~2 个疗程后，要改用另一种药物治疗，防止球虫对药物产生耐药性。

模块五 鸭的生产技术

第一节 雏鸭的养殖技术

0～4周龄的鸭称为雏鸭。雏鸭绒毛稀短，体温调节能力差；体质弱，适应周围环境能力差；生长发育快，消化能力差；抗病力差，易得病死亡。雏鸭饲养管理的好坏不仅关系到雏鸭的生长发育和成活率，还会影响到鸭场内鸭群的更新和发展、鸭群以后的产蛋率和健康状况。

一、育雏前的准备

（一）育雏舍和设备的检修、清洗及消毒

雏鸭阶段主要是在育雏室内进行伺养，育雏开始前要对鸭舍及其设备进行清洗和检修，目的是尽可能将环境中的微生物减至最少，保证舍内环境的适宜和稳定，有效防止其他动物的进入。

对鸭舍的屋顶、墙壁、地面以及取暖、供水、供料、供电等设备进行彻底的清扫、检修，能冲洗的要冲洗干净，鼠洞要堵死，然后再进行消毒。用石灰水或其他消毒药水喷洒或涂刷。清洗干净的设备用具需经太阳晒干。

清扫和整理完毕后在舍内地面铺上一层干净、柔软的垫料，一切用具搬到舍内，用甲醛（福尔马林）熏蒸法消毒。

鸭舍门口应设置消毒池并放入消毒液。

对于育雏室外附近设有小型洗浴池的鸭场，在使用之前要对水池进行清理消毒，然后注入清水。

（二）育雏用具设备的准备

应根据雏鸭饲养的数量和饲养方式配备足够的保温设备、垫料、围栏、料槽、水槽、水盆（前期雏鸭洗浴用）清洁工具等设备用具，备好饲料、药品、疫苗，制订好操作规程和生产记录表格。

（三）做好预温工作

无论采用哪种方式育雏和供温，进雏前 2～3 天对舍内保温设备要进行检修和调试。在雏鸭进入育雏室前 1 天，要保证室内温度达到育雏所需要的温度，并保持温度的稳定。

二、雏鸭的饲料

（一）开水

刚出壳的雏鸭第一次饮水称开水，也叫"潮口"。先饮水后开食，是饲养雏鸭的一个基本原则，一般在出壳后 24 小时内进行。方法是把雏鸭喙浸入 30℃ 左右温开水中，让其喝水，反复几次，即可学会饮水。夏季天气晴朗，潮口也可在小溪中进行，把雏鸭放在竹篮内，一起浸入水中，只浸到雏鸭脚，不要浸湿绒毛。

（二）开食

一般在"开水"后 30 分钟左右开食。开食料选用米饭、碎米、碎玉米粉等，也可直接用颗粒料自由采食的方法进行。开食时不要用料槽或料盘，直接撒在干净的塑料布上，便于鸭群同时采食到饲料。

（三）饲喂次数和雏鸭料

随着雏鸭日龄的增加可逐渐减少饲喂次数，10 日龄以内白天喂 4 次，夜晚 1~2 次；11~20 日龄白天喂 3 次，夜晚 1~2 次；20 日龄后白天喂 3 次，夜晚 1 次。雏鸭料可参考此饲料配方：玉米 58.5%、麦麸 10%、豆饼 20%、国产鱼粉 10%、骨粉 0.5%、贝壳粉 1%，此外可额外添加 0.01% 的禽用多维和 0.1% 的微量元素。

三、雏鸭的管理

（一）及时分群，严防堆压

雏鸭在"开水"前，应根据出雏的迟早、强弱分开饲养。笼养的雏鸭，将弱雏放在笼的上层、温度较高的地方。平养的要将强雏放在育雏室的近门口处，弱雏放在鸭舍中温度最高处。第二次分群是在吃料后 3 天左右，将吃料少或不吃料的放在一起饲养，适当增加饲喂次数，比其他雏鸭的环境温度提高 1~2℃。对患病的雏鸭要单独饲养或淘汰。以后可根据雏鸭的体重来分群，每周随机抽取 5%~10% 的雏鸭称重，未达到标准的要适当增加饲喂量，超过标准的要适当减少饲喂量。

（二）从小调教下水，逐步锻炼放牧

从小开始训练下水，不要因为小鸭怕冷、胆小、怕下水而停止。开始 1~5 天，可以与小鸭"点水"（有的称"潮水"）结合起来，即在鸭篓内"点水"，第五天起，就可以自由下水活动了。注意每次下水上来，都要让它们在无风温暖的地方梳理羽毛，使身上的湿毛尽快干燥，千万不可带着湿毛入窝休息。下水活动，夏季不能在中午烈日下进行，冬季不能在阴冷的早晚进行。

5日龄以后，即雏鸭能够自由下水活动时，就可以开始放牧。开始放牧宜在鸭舍周围，适应以后可慢慢延长放牧路线，选择理想的放牧环境，如水稻田、浅水河沟或湖塘，种植荸荠、芋艿的水田，种植莲藕、慈姑的浅水池塘等。放牧的时间要由短到长，逐步锻炼。放牧的次数也不能太多，雏鸭阶段，每天上、下午各放牧一次，中午休息。每次放牧的时间，开始时20~30分钟，以后慢慢延长，但不要超过1.5小时。雏鸭放牧水稻田后，要到清水中游洗一下，然后上岸理毛休息。

（三）搞好清洁卫生，保持圈窝干燥

随着雏鸭日龄增大，排泄物不断增多，鸭篓和圈窝极易潮湿、污秽，这种环境会使雏鸭绒毛沾湿、弄脏，且有助于病原微生物繁殖，因此必须及时打扫干净，勤换垫草，保持篓内和圈窝内干燥清洁。换下的垫草要经过翻晒晾干，方能再用。育雏舍周围的环境，也要经常打扫，四周的排水沟必须畅通，以保持干燥、清洁、卫生的良好环境。

（四）建立稳定的管理程序

蛋鸭具有集体生活的习性，合群性很强，神经类型较敏感，其各种行为要在雏鸭阶段开始培养。例如，饮水、吃料、下水游泳、上岸理毛、入圈歇息等，都要定时、定地，每天有固定的一整套管理程序，形成习惯后，不要轻易改变，如果改变，也要逐步进行。饲料品种和调制方法的改变也如此。

第二节　育成鸭的养殖技术

育成鸭一般指5~16周龄的青年鸭。育成鸭饲养管理的好坏，直接影响产蛋鸭的生产性能和种鸭的种用价值。育成鸭具有生长发育快、羽毛生长速度快、器官发育快、适应性强等特点。育成阶段要特别注意控制生长速度、群体均匀度、体重和开产日龄，使蛋鸭适时达到性成熟，在理想的开产日龄开产，迅速达到产蛋高峰，充分发挥其生产潜力。

一、育成鸭的放牧

放牧养鸭是我国传统的养鸭方式，它利用了鸭场周围丰富的天然饲料，适时为稻田除虫，同时可使鸭体健壮，节约饲料，降低成本。

（一）选择好放牧场所和放牧路线

早春放浅水塘、小河小港，让鸭觅食螺蛳、鱼虾、草根等水生生物。春耕开始后在耕翻的田内放牧，觅取田里的草籽、草根和蚯蚓、昆虫等天然动植物饲料。稻田插秧后从分蘖至抽穗扬花时，都可在稻田放牧，既除害虫杂草，又节省饲料，还增加了野生动物性蛋白的摄取量。待水稻收割后再放牧，可觅食落地稻粒和草籽，这是放鸭的最好时期。

每次放牧，路线远近要适当，鸭龄从小到大，路线由近到远，逐步锻炼，不能使鸭太疲劳；往返路线尽可能固定，便于管理。过河过江时，选水浅的地方；上下河岸，选坡度小、场面宽广之处，以免拥挤践踏。在水里浮游，应逆水放牧，便于觅食；有风天气放牧，应逆风前进，以免鸭毛被风吹开，使鸭受凉。每次放牧途中，都要选择 1～2 个可避风雨的阴凉地方，在中午炎热或遇雷阵雨时，都要把鸭赶回阴凉处休息。

（二）采食训练与信号调教

为使鸭群及早采食和便于管理，采食训练和信号调教要在放牧前几天进行。采食训练要根据牧地饲料资源情况进行吃稻谷粒、吃螺蛳等的训练，方法是先将谷粒、螺蛳等撒在地上，然后将饥饿的鸭群赶来任其采食。

信号调教是用固定的信号和动作进行反复训练，使鸭群建立起听从指挥的条件反射，以便于在放牧中收拢鸭群。

（三）放牧方法

1. 一条龙放牧法

这种放牧法一般由 2～3 人管理（视鸭群大小而定），由有经验的牧鸭人（称为主棒）在前面领路，另有两名助手在后方的左右侧压阵，使鸭群形成 5～10 层次，缓慢前进，把稻田的落谷和昆虫吃干净。这种放牧法适于将要翻耕、泥巴稀而不硬的落谷田，宜在下午进行。

2. 满天星放牧法

满天星放牧法即将鸭驱赶到放牧地区后，不是有秩序地前进，而是让它们散开，自由采食，先将有迁徙性的活昆虫吃掉，适当"闯鲜"，留下大部分遗粒，以后再放。这种放牧法适于干田块，或近期不会翻耕的田块，宜在上午进行。

3. 定时放牧法

群鸭的生活有一定的规律性，在一天的放牧过程中，要出现 3～4 次积极采食的高潮，3～4 次集中休息和浮游。根据这一规律，在放牧时不要让鸭群整天泡在田里或水上，而要采取定时放牧法。春末至秋初，一般采食 4 次，即 10：00 左右、15：00 左右、傍晚前各采食 1 次。秋后至初春，气候冷，日照时数少，一般每日分早、中、晚采食 3 次。饲养员要选择好放牧场地，把天然饲料丰富的地方留作采食高潮时放牧。如不控制鸭群的采食和休息时间，整天东奔西跑，使鸭子终日处于半饥饿状态，得不到休息，既消耗体力，又不能充分利用天然饲料，是放牧鸭群的大忌。

（四） 放牧鸭群的控制

鸭子具有较强的合群性，从育雏开始到放牧训练，建立起听从放牧人员口令和放牧竿指挥的条件反射，可以把数千只鸭控制得井井有条，不致糟蹋庄稼和践踏作物。当鸭群需要转移牧地时，先要把鸭群在田里集中，然后用放牧竿从鸭群中选出10～20只作为头鸭带路，走在最前面，叫作"头竿"，余下的鸭群就会跟着上路。只要头竿、二竿控制得好，头鸭就会将鸭群有秩序地带到放牧场地。

二、育成鸭的圈养饲养

育成鸭的整个饲养过程均在鸭舍内进行，称为圈养或关养。圈养鸭不受季节、气候、环境和饲料的影响，能够降低传染病的发病率，还可提高劳动效率。

（一） 合理分群，掌握适宜密度

1. 分群

合理分群能使鸭群生长发育一致，便于管理。鸭群不宜太大，每群以500只左右为宜。分群时要淘汰病、弱、残鸭，要尽可能做到日龄相同、大小一致、品种一样、性别相同。

2. 保持适宜的饲养密度

分群的同时应注意调整饲养密度，适宜的饲养密度是保证青年鸭健康、生长良好、均匀整齐，为产蛋打下良好基础的重要条件。值得一提的是，在此生长期，羽毛快速生长，特别是翅部的羽轴刚出头时，鸭群密度大易相互拥挤，稍一挤碰，就疼痛难受，会引起鸭群践踏，影响生长。这时的鸭很敏感，怕互相撞挤，喜欢疏散。因此，要控制好密度，不能太拥挤。饲养密度会随鸭的品种、周龄、体重大小、季节和气温的不同而变化。冬季气温低时每平方米可以多养 2 ~ 3 只,夏季气温高时可少养 2 ~ 3 只。

(二) 日粮及饲喂

圈养与放牧完全不同,鸭采食不到鲜活的野生饲料,必须靠人工饲喂。圈养时要满足青年鸭生长阶段所需要的各种营养物质,饲料尽可能多样化,以保持能量与蛋白质的适当比例,使含硫氨基酸、多种维生素、矿物质都有充足的供给。育成鸭的营养水平宜低不宜高,饲料宜粗不宜精,使青年鸭得到充分锻炼,长好骨架。要根据生长发育的具体情况增减必需的营养物质,如绍鸭的正常开产日龄是 130 ~ 150 日龄,标准开产体重为 1.4 ~ 1.5 千克,如体重超过 1.5 千克,则认为超重,影响开产,应轻度限制饲养,适当多喂些青饲料和粗饲料。对发育差、体重轻的鸭,要适当提高饲料质量,每只每天的平均喂料量可掌握在 150 克左右,另加少量的动物性鲜活饲料,以促进生长发育。

育成鸭的饲料不宜用玉米、谷、麦等单一的原粮,最好是粉碎加工后的全价混合粉料,喂饲前加适量的清水,拌成湿料生喂,饮水要充足。动物性饲料应切碎后拌入全价饲料中喂饲,青绿饲料可以在两次喂饲的间隔投放在运动场,由鸭自主选择采食。青绿饲料不必切碎,但要洗干净。每日喂 3 ~ 4 次,每次喂料的间隔时间尽可能相等,避免采食时饥饱不均。

(三) 育成鸭管理要点

1. 加强运动

鸭在圈养条件下适当增加运动可以促进育成鸭骨骼和肌肉的发育,增强体质,防止过肥。冬季气温过低时每天要定时驱赶鸭在舍内做转圈运动。一般天气,每天让鸭群在运动场活动

2 次，每次 1 ~ 1.5 小时。鸭舍附近若有放牧的场地，可以定时进行短距离的放牧活动。每天上、下午各 2 次，定期驱赶鸭子下水运动 1 次，每次 10 ~ 20 分钟。

2. 提高鸭对环境的适应性

在育成鸭时期，利用喂料、喂水、换草等机会，多与鸭群接触。如喂料的时候，人可以站在旁边，观察采食情况，让鸭子在饲养人员的身边走动，遇有"娇鸭"静伏在身旁时，可用手抚摸，久而久之，鸭子就不会怕人，也提高了鸭子对环境的适应能力。

3. 控制好光照

舍内通宵点灯，弱光照明。育成鸭培育期，不用强光照明，要求每天标准的光照时间稳定在 8 ~ 10 小时，在开产以前不宜增加。如果利用自然光照，以下半年培育的秋鸭最为合适。但是，为了便于鸭子夜间饮水，防止因鼠类或其他动物走动时惊群，舍内应通宵弱光照明。如 30 平方米的鸭舍，可以安装一盏 15 瓦灯泡，遇到停电时，应立即点上有玻璃罩的煤油灯（马灯）。长期处于弱光通宵照明的鸭群，遇到突然黑暗的环境，常引起严重惊群，造成很大伤亡。

4. 加强传染病的免疫预防工作

育成鸭时期的主要传染病有两种：一是鸭瘟，二是禽霍乱。免疫程序：60 ~ 70 日龄，注射一次禽霍乱菌苗；100 日龄前后，再注射一次禽霍乱菌苗。70 ~ 80 日龄，注射一次鸭瘟弱毒疫苗。对于只养 1 年的蛋鸭，注射 1 次即可；养 2 年以上的蛋鸭，隔 1 年再预防注射 1 次。这两种传染病的预防注射，都要在开产以前完成，进入产蛋高峰后，尽可能避免捉鸭打针，以免影响产蛋。以上方法也适用于放牧鸭。

5. 建立一套稳定的作息制度

圈养鸭的生活环境比放牧鸭稳定，要根据鸭子的生活习性，定时作息，制订操作规程。形成作息制度后，尽量保持稳定，不要经常变更。

6. 选择与淘汰

当鸭群达到 16 周龄的时候可以对鸭群进行一次选择，将有严重病、弱、残的个体淘汰，因为这些鸭性成熟晚、产蛋率低、容易死亡或成为鸭群内疾病的传播者。要留作种鸭时，不仅要求选留的个体要健康、体况发育良好，而且体型、羽毛颜色、脚蹼颜色要符合品种或品系标准。

第三节 蛋鸭的养殖技术

母鸭从开始产蛋直到淘汰（17~72 周龄），均称为产蛋鸭。

一、产蛋规律

蛋用型鸭开产日龄一般在 21 周左右，28 周龄时产蛋率达 90%，产蛋高峰出现较快。产蛋持续时间长，到 60 周龄时才有所下降，72 周龄淘汰时产收率仍可达 75% 左右。蛋用型鸭每年产蛋 220~300 枚。鸭群产蛋时间一般集中在凌晨 2：00~5：00，白天产蛋很少。

二、商品蛋鸭的养管理

（一）饲养

1. 饲料配制

圈养产蛋母鸭，饲料可按下列比例配给：玉米粉 40%、麦粉25％、糠麸10％、豆饼15％、鱼粉6.2％、骨粉3.5％、食盐0.3％。另外，还应补充多种维生素和微量元素添加剂。也可以根据养鸭户的能力和条件做一些替换饲料，如缺少鱼粉，可捕捞小杂鱼、小虾和蜗牛等饲喂，可以生喂，也可以煮熟后拌在饲料中喂。饲料不能拌得太黏，达到不沾嘴的程度就可以。食盆和水槽应放在干燥的地方，每天刷洗一次。每天要保证供给鸭充足的饮水，同时在圈舍内放一个沙盆，准备充足、干净的沙子，让母鸭随便吃。

2. 饲喂次数及饲养密度

饲养中注意不要让母鸭长得过肥，因为肥鸭产蛋少或不产蛋。但是，也要防止母鸭过瘦，过瘦也不产蛋。每天要定时喂食，母鸭产蛋率不足30％时，每天应喂料3次；产蛋率在30％～50％时，每天应喂料4次；产蛋率在50％以上时，每天喂料5次。鸭夜间每次醒来，大多都会去吃料或喝水。因此，对产蛋母鸭在夜间一定要喂料1次。对产蛋的母鸭要尽量少喂或者不喂稻糠、酒糟之类的饲料。在圈舍内饲养母鸭，饲养的数量不能过多，每平方米6只较适宜，如有30平方米的房子，可以养产蛋鸭180只左右。

（二）圈舍的环境控制

圈舍内的温度要求在10～18℃之间。0℃以下母鸭的产蛋量就会大量减少，到－4℃时，母鸭就会停止产蛋。当温度上升到28℃以上时，由于气温过热，鸭取食减少，产蛋也会减少，并会停止产蛋，开始换羽。因此，温度管理的重点是冬天防寒，夏天防暑。在寒冷地区的冬天，产蛋母鸭圈舍内要烧火炉取暖，以提高舍内温度。要给母鸭喝温水，喂温热的料，增加青绿饲料，如白菜等，以保证母鸭的营养需要。另外，要减少母鸭在室外运动场停留的时间。夏季天气炎热时，要将鸭圈的前后窗户打开，降低鸭舍内的温度，同时要保持鸭圈舍内的干燥，不能向地面洒水。

（三）不同生长阶段的管理

1. 产蛋初期（开产至200日龄）和前期（201～300日龄）

不断提高饲料质量，增加饲喂次数，每日喂4次，每日每只喂料150克。光照逐渐加至16小时。本阶段蛋重增加，产蛋率上升，体重要维持开产时的标准，不能降低，也不能增加。要注意蛋鸭初产习性的调教。设置产蛋箱，每天放入新鲜干燥的垫草，并放鸭蛋作"引蛋"，晚上将产蛋箱打开。为防止蛋鸭晚间产蛋时受伤害，舍内应安装低功率节能灯照明。这样经过10天左右的调教，绝大多数鸭便去产蛋箱产蛋。

2. 产蛋中期（301～400日龄）

此阶段的鸭群因已进入产蛋高峰期而且持续产蛋100多天，体力消耗较大，对环境条件的变化敏感，如不精心饲养管理，难以保持高产蛋率，甚至引起换羽停产，因而这也是蛋鸭最难养的阶段。此期内日粮中的粗蛋白质水平比产蛋前期要高达20%；并特别注意钙的添加，日粮含钙量过高影响适口性，为此可在粉料中添加1%～2%的颗粒状钙，或在舍内单独放置钙盆，让鸭自由采食，并适量喂给青绿饲料或添加多种维生素。光照时间稳定在16小时。

3. 产蛋后期（401～500日龄）

产蛋率开始下降，这段时间要根据体重与产蛋率来定饲料的质量与数量。如果体重减轻，产蛋率80%左右，要多加动物性蛋白；如体重增加、发胖，产蛋率还在80%左右，要降低饲料中的代谢能或增喂青料，蛋白保持原水平；如产蛋率已下降至 60% 左右，就要降低饲料水平，此时再加好料产蛋量也不能恢复。80% 产蛋率时保持 16 小时光照，60% 产蛋率时加到 17 小时。

4. 休产期的管理

产蛋鸭经过春天和夏天几个月的产蛋后，在伏天开始掉毛换羽。自然换羽时间比较长，一般需要 3~4 个月，这时母鸭就不产蛋了，为了缩短换羽时间，降低喂养成本，让母鸭提早恢复产蛋，可采用人工强制的方法让母鸭换羽。

三、种鸭的饲养管理

鸭产蛋留作种用的称种鸭。种鸭与蛋鸭的饲养管理基本相同，不同的是，养产蛋鸭只是为了得到商品食用蛋，满足市场需要；而养种鸭，则是为了得到高质量的可以孵化后代的种蛋。所以，饲养种鸭要求更高，不但要养好母鸭，还要养好公鸭，才能提高受精率。

（一）选留

留种的公鸭经过育雏、育成期、性成熟初期三个阶段的选择。选出的公鸭外貌符合品种要求，生长发育良好，体格强壮，性器官发育健全，第二性征明显，精液品质优良，性欲旺盛，行动矫健灵活。种母鸭要选择羽毛紧密，紧贴身体，行动灵活，觅食能力强；骨骼发育好，体格健壮，眼睛突出有神，嘴长、颈长、身长；体形外貌要符合品种（品系）要求的标准。

（二）饲养

有条件的饲养场所饲养的种公鸭要早于母鸭 1~2 月龄，使公鸭在母鸭产蛋前已达到性成熟，这样有利于提高种蛋受精率。育成期公、母鸭分开饲养，一般公鸭采用以放牧为主的饲养方式，让其多采食野生饲料，多活动、多锻炼。饲养上既能保证各器官正常生长发育，又可以防止过肥或过早性成熟。对开始性成熟但尚未达到配种期的种公鸭，要尽量旱地放牧，少下水，减少公鸭间的相互嬉戏、爬跨，以防形成恶癖。

营养上除按母鸭的产蛋率高低给予必需的营养物质外，还要多喂维生素、青绿饲料。维生素 E 能提高种蛋的受精率和孵化率，饲料中应适当增加，每千克饲料中添加 25 毫克，不低于 20 毫克。生物素、泛酸不仅影响产蛋率，而且对种蛋受精率和孵化率影响也很大。同时，还应注意不能缺乏含色氨酸的蛋白质饲料，色氨酸有助于提高种蛋的受精率和孵化率，饼、粕类饲料中色氨酸含量较高，配制日粮时必须加入一定饼、粕类饲料和鱼粉。种鸭饲料中尽量少用或不用菜籽柏、棉籽粕等含有毒素影响生殖功能的原料。

（三）公、母的合群与配比

青年阶段公、母鸭分开饲养。为了使得同群公鸭之间建立稳定的序位关系，减少争斗，使得公、母鸭之间相互熟悉，在鸭群将要达到性成熟前进行合群。合群晚会影响公鸭对母鸭的分配，相互间的争斗和争配对母鸭的产蛋有不利影响。

公、母配比是否合适对种蛋的受精率影响很大。国内蛋用型麻鸭体型小而灵活，性欲旺盛，配种能力强。其公、母配比在春、冬季为 1:18，夏、秋季为 1:20，这样的性别比例可以保持高的种蛋受精率；康贝尔鸭公、母配比为 1:（15～18）比较适宜。

在繁殖季节，应随时观察鸭群的配种情况，发现种蛋受精率低，要及时查找原因。首先要检查公鸭，发现性器官发育不良、精子畸形等不合格的个体要淘汰，发现伤残的公鸭要及时调出并补充新个体。

（四）提高配种效率

自然配种的鸭，在水中配种比在陆地上配种的成功率高，其种蛋的受精率也高。种公鸭在每天的清晨和傍晚配种次数最多。因此，天气好应尽量早放鸭出舍，迟关鸭，增加户外活动时间。如果种鸭场不是建在水库、池塘和河渠附近，则种鸭场必须设置水池，最好是流动水，要延长放水时间，增加活动量。若是静水应常更换，保持水清洁不污浊。

（五）及时收集种蛋

种蛋清洁与否直接影响孵化率。每天清晨要及时收集种蛋，不让种蛋受潮、受晒、被粪便污染，尽快进行熏蒸消毒。种蛋在垫草上放置的时间越长所受的污染越严重。

收集种蛋时，要仔细地检查垫草下面是否埋有鸭蛋；对于伏卧在垫草上的鸭要赶起来，看其身下是否有鸭蛋。

第四节 肉鸭的养殖技术

肉鸭分大型肉鸭和中型肉鸭两类。大型肉鸭又称快大鸭或肉用仔鸭，一般养到 50 天，体重可达 3.0 千克；中型肉鸭一般饲养 65 ~ 70 天，体重达 1.7 ~ 2.0 千克。

一、肉仔鸭的饲料管理

（一）环境条件及其控制

1. 温度

雏鸭体温调节机能较差，对外界环境条件有一个逐步适应的过程，保持适当的温度是育雏成败的关键。

2. 湿度

若舍内高温低湿会造成干燥的环境，很容易使雏鸭脱水，羽毛发干。但湿度也不能过高，高温高湿易诱发多种疾病，这是养禽最忌讳的环境，也是球虫病暴发的最佳条件。地面垫料平养时要特别注意防止高湿。育雏第一周应该保持稍高的湿度，一般相对湿度为65%，以后随日龄增加，要注意保持鸭舍的干燥。要避免漏水，防止粪便、垫料潮湿。第二周湿度控制在60%，第三周以后为55%。

3. 通风

保温的同时要注意通风，以排除潮气等，其中以排出潮湿气最为重要。良好的通风可以保持舍内空气新鲜，有利于保持鸭体健康、羽毛整洁，夏季通风还有助于降温。开放式育雏时，维持舍温21～25℃，尽量打开通气孔和通风窗，加强通风。

4. 光照

光照可以促进雏鸭的采食和运动，有利于雏鸭健康生长。商品雏鸭1周龄要求保持24小时连续光照，2周龄要求每天18小时光照，2周龄以后每天12小时光照，至出栏前一直保持这一水平。但光的强度不能过强，白天利用自然光，早、晚提供微弱的灯光，只要能看见采食即可。

5. 密度

密度过大，雏鸭活动不开，采食、饮水困难，空气污浊，不利于雏鸭生长；密度过小使房舍利用率低，多消耗能源，不经济。育雏期饲养密度的大小要根据育雏室的结构和通风条件来定，一般每平方米饲养1周龄雏鸭25只，2周龄为15～20

只，3~4周龄8~12只，每群以200~250只为宜。

（二）雏鸭的饲养管理

1. 选择

肉用商品雏鸭必须来源于优良的健康母鸭群，种母鸭在产蛋前已经免疫接种过鸭瘟、禽霍乱、病毒性肝炎等疫苗，以保证雏鸭在育雏期不发病。所选购的雏鸭大小基本一致，体重在55~60克，活泼，无大肚脐、歪头拐脚等，毛色为蜡黄色，太深或太淡均淘汰。

2. 分群

雏鸭群过大不利于管理，环境条件不易控制，易出现惊群或挤压死亡，所以为了提高育雏率，应进行分群管理，每群200~250只。

3. 饮水

水对雏鸭的生长发育至关重要，雏鸭在开食前一定要先饮水。在雏鸭的饮水中加入适量的维生素C、葡萄糖、抗生素，效果会更好，既增加营养又提高雏鸭的抗病力。提供饮水器数量要充足，不能断水，但也要防止水外溢。

4. 开食

雏鸭出壳12~24小时或雏鸭群中有1/3的雏鸭开始寻食时进行第一次投料，饲养肉用雏鸭用全价的小颗粒饲料效果较好。如果没有这样的条件，也可用半生米加蛋黄饲喂，几天后改用营养丰富的全价饲料饲喂。

5. 饲喂方法

第一周龄的雏鸭应让其自由采食，保持饲料盘中常有饲料。一次投喂不可太多，防止饲料因长时间吃不完被污染而引起雏鸭生病或者浪费饲料。因此要少喂常添，第一周按每只鸭子 35 克饲喂，第二周 105 克，第三周 165 克。

6. 预防疾病

肉鸭网上密集化饲养，群体大且集中，易发生疫病。因此，除加强日常的饲养管理外，要特别做好防疫工作。饲养至 20 日龄左右，每只肌肉注射鸭瘟弱毒疫苗 1 毫升；30 日龄左右，每只肌肉注射禽霍乱菌苗 2 毫升，平时可饮用 0.01% ~ 0.02% 的高锰酸钾水，效果也很好。

二、肉鸭育肥期的饲养管理

（一）舍饲育肥

育肥鸭舍应选择在有水塘的地方，用砖瓦或竹木建成，舍内光线较暗，但空气流通。育肥时舍内要保持环境安静，适当限制鸭的活动，任其饱食，供水不断，定时放到水塘活动片刻。这样经过 10 ~ 15 天肥育饲养，可增重 0.25 ~ 0.5 千克。

（二）放牧育肥

南方地区采用较多，与农作物收获季节紧密结合，是一种较为经济的育肥方法。通常 1 年有 3 个肥育饲养期，即春花田时期、早稻田时期、晚稻田时期。事先估算这 3 个时期作物的收获季节，把鸭养到 40 ~ 50 日龄，体重达到 2 千克左右，在作物收割时期，体重达 2.5 千克，即可出售屠宰。

（三）填饲育肥

1. 填饲期的饲料调制

肉鸭的填肥主要是用人工强制鸭子吞食大量高能量饲料，使其在短期内快速增重和积聚脂肪。当体重达到 1.5 ~ 1.75 千克时开始填肥。前期料中蛋白质含量高，粗纤维也略高；而后期料中粗蛋白质含量低（14% ~ 15%），粗纤维略低，但能量却高于前期料。

2. 填饲量

填喂前，先将填料用水调成干糊状，用手搓成长约 5 厘米，粗约 1.5 厘米，重 25 克的剂子。一般每天填喂 4 次，每次填饲量为：第 1 天填 150 ~ 160 克，第 2 ~ 3 天填 175 克，第 4 ~ 5 天填 200 克，第 6 ~ 7 天填 225 克，第 8 ~ 9 天填 275 克，第 10 ~ 11 天填 325 克，第 12 ~ 13 天填 400 克，第 14 天填 450 克。如果鸭的食欲好则可多填，应根据情况灵活掌握。

3. 填饲管理

填喂时动作要轻，每次填喂后适当放水活动，清洁鸭体，帮助消化，促进羽毛的生长。舍内和运动场的地面要平整，防止鸭跌倒受伤。舍内保持干燥，夏天要注意防暑降温，在运动场搭设凉棚遮阴，每天供给清洁的饮水。白天少填晚上多填，可让鸭在运动场上露宿。鸭群的密度为前期每平方米 2.5 ~ 3 只，后期每平方米 2 ~ 2.5 只。始终保持鸭舍环境安静，减少应激，闲人不得入内。一般经过两周左右填肥，体重在 2.5 千克以上便可出售上市。

第五节　鸭常见疾病的防治技术

一、鸭瘟

1. 症状

鸭瘟又名鸭病毒性肠炎，俗称"大头瘟"，是鸭的一种急性、热性、高死亡率的败血性传染病。

鸭瘟对不同日龄和不同品种的鸭均有感染力，以番鸭、麻鸭最易感染，肉鸭次之。本病一年四季都可发生，以春、夏季和秋季鸭群的运销旺季多发。

鸭瘟潜伏期一般为 2～5 天，病初体温迅速升高至 43～44℃，病鸭表现为没有精神、食欲降低至不吃、口渴加剧、头颈缩起、两翅下垂，两腿麻痹无力，走动困难，卧伏不起。驱赶时，往往用双翅拍地而走，走动几步就倒地不起。病鸭不愿下水，如被强赶下水，则不能游动，漂浮水面并挣扎回岸。病鸭拉绿色或灰白色稀粪，肛门周围的羽毛被污染并结块，严重者泄殖腔黏膜外翻，黏膜面有黄绿色的假膜且不易剥离。鸭瘟突出的特点是流泪和眼睑肿胀，有脓性分泌物以致眼睑粘连，鼻腔流出分泌物，呼吸困难，叫声嘶哑无力，部分病鸭头颈部明显肿大。

2. 防治

如有条件，在早期发病时，用鸭瘟高免血清注射。平时以预防为主，避免从疫区引进种鸭、鸭苗和种蛋。另外，要禁止健康鸭在疫区水域或野禽出没的水域放牧。日常管理工作中，严格做好鸭舍、运动场、用具等的消毒工作。

二、鸭病毒性肝炎

1. 症状

本病一年四季均可发生，多在早春爆发。主要感染 3 周龄以下小鸭，以 1 周龄内发病居多，死亡多集中在 3～10 日龄。病鸭发病半天至 1 天即出现特异性神经症状，全身抽搐，身体倾向一侧，头向后背，呈角弓反张，俗称"背脖病"。两腿痉挛性反复蹬踢，有的在地上旋转，抽搐十多分钟至数十分钟后死亡。死时大多头仰向背部，这是患该病雏鸭死亡时的典型特征。剖检可见肝脏肿大，质地柔软，表面有出血点或出血斑，呈淡红色或斑驳状，胆囊充盈，胆汁呈茶褐色或绿色。脾脏有时肿大，表面呈斑状花纹样。肾脏常出现肿胀和树枝状充血。

2. 防治

在卫生条件差、肝炎常发的养鸭场，必须在 7 ~ 10 日龄进行疫苗免疫。未经免疫的母鸭，其后代雏鸭 1 日龄即需进行疫苗免疫；雏鸭一旦发病，可采用高免血清或卵黄抗体注射，无高免血清或卵黄抗体时，用鸭肝炎弱毒疫苗紧急接种，可以迅速降低死亡率和控制疫病流行。

三、鸭流感

1. 症状

该病一年四季均有发生，以每年的 11 月至翌年 5 月发病较多。潜伏期短的几小时，长的可达数天。部分雏鸭感染后，无明显症状，很快死亡，但多数病鸭会出现呼吸道症状。病初打喷嚏，鼻腔内有鼻液，鼻孔经常堵塞，呼吸困难，出现摆头、张口喘息等症状。一侧或两侧眼眶部肿胀。

20 日龄至产蛋初期的青年鸭多出现传染性脑炎，潜伏期很短，数小时至 1 ~ 2 天，发病后 2 ~ 4 天出现大量死亡。病鸭表现为体温升高，食欲锐减以致废绝，饮水增加，粪便稀薄呈淡黄绿色，部分鸭出现单侧或双侧眼睛失明，而其外观上没有明显变化。番鸭以精神沉郁为主要死前症状，蛋鸭品种则在濒死时大量出现神经症状。产蛋鸭感染后数天内，鸭群产蛋量迅速下降，有的鸭群产蛋率下降至 10%。

2. 防治

鸭流感病毒的抵抗力不强，许多普通消毒药液均能迅速将其杀灭，如甲醛、来苏儿、过氧乙酸等，紫外线也能较快将病毒灭活，在 65~70℃ 加热数分即可灭活病毒。

控制本病的传入是关键，应做好引进种鸭、种蛋的检疫工作。坚持全进全出的饲养方式，平时加强消毒，做好一般疫病的免疫，以提高鸭的抵抗力。鸭流感灭活疫苗具有良好的免疫保护作用，用其接种是预防本病的主要措施，但应优先选择与本地流行的鸭流感病毒毒株血清亚型相同的灭活疫苗进行免疫。一旦发现高致病力毒株引起的鸭流感时，应及时上报、扑灭。对于中等或低致病力毒株引起的鸭流感，可用一些抗病毒药物和广谱抗菌药物以减少死亡和控制继发感染。

四、鸭霍乱

1. 流行特点及症状

本病的发生无明显季节性，北方地区以春秋季多发。气温较高、多雨潮湿、天气骤变、饲养管理不善等多种因素，都可以促进本病的发生和流行。

各种日龄鸭均可发病，但一般以 30 日龄内雏鸭发病率高，死亡率也较高，成年种鸭发病较少，常呈散发性，死亡率也较低。

最急性病例常见于流行初期，鸭群无任何明显可见症状，在吃食时或吃食后，突然倒地死亡，或当天晚上鸭群无异常，第二天早晨发现死亡。有的鸭子还在放牧中突然死亡。急性病例鸭体温升高，不愿下水游泳，将鸭倒提时，常从口鼻中流出酸臭液体。病鸭咳嗽、喘气、摆头、甩头，企图排出积在喉头的黏液，故又有"摇头瘟"之称。病鸭下痢，有时粪中带血。部分病鸭两腿瘫痪不能行走。常在 1~3 天衰竭死亡。

2. 防治

平时加强饲养管理，雏鸭、中鸭和成鸭要分群饲养。搞好环境卫生，加强消毒。可通过接种疫苗进行免疫。多种抗菌药物都可用于本病的治疗，并有不同程度的治疗效果。可用恩诺沙星：每克加水 15 ~ 20 千克，饮服 3 ~ 5 天；链霉素肌内注射，每千克体重鸭链霉素 1 万 ~ 2 万单位注射，每天 2 次，连用 2 天；土霉素 0.05% ~ 0.1% 拌料，饲喂 3 ~ 5 天。另外，多西环素（强力霉素）、诺氟沙星（氟哌酸）等均有较好疗效。

五、鸭大肠杆菌病

1. 流行特点及症状

主要表现为病鸭少食或不食，独立一旁，缩颈嗜睡。眼鼻常见黏性分泌物，呼吸困难，拉灰白或黄绿色稀便，常因败血症或体质衰弱而脱水死亡。雏鸭（2 ~ 6 周龄）多呈急性败血症经过，成鸭多为亚急性或慢性感染。慢性病例常见关节肿胀、跛行，站立时见腹围膨大下垂，触诊腹部有液体波动感，穿刺有腹水流出。

2. 防治

本病要加强饲养管理，严格消毒种蛋及孵化过程中消毒，对种鸭进行大肠杆菌菌苗免疫。各地分离出来的大肠杆菌菌株，对多种抗生素类药物的敏感性不完全相同。总的来说，大肠杆菌菌株对庆大霉素、阿米卡星、卡那霉素等药物较为敏感。

模块六　鹅的生产技术

一、概述

鹅全身是宝，利用价值很高，并且饲养简单，投入产出比高、饲养风险小。经济效益优于养鸡、鸭。养鹅是以草换肉，鹅吃百草，能利用大量青绿饲料和一些粗饲料，这是由鹅生理特点决定的。鹅的肌胃压力比鸭大、比鸡大1倍，依靠这种强烈运动和其中砂石研磨，鹅的盲肠中含有较多的微生物，能使纤维素发酵分解成低级脂肪酸，使纤维素易于溶解和吸收。鹅对青草中粗蛋白质的吸收率达76%。养鹅饲料来源广、价格便宜、成本低。鹅适应性好、抗病力强，对舍环境条件要求不高，不需要太好的房舍，除雏鹅舍外，冬季舍内温度只要保持0℃以上就可以。鹅的疾病很少，对禽类威胁较大的传染性疾病，按自然感染性病率种类，鹅比鸡少1/3。鹅生产周期短、见效快，合群性好、便于管理。鹅性情温顺，不乱跑乱跳，便于放牧和庭院管理。

二、鹅的品种

品种是决定效益的内因，好种出好苗，好苗结好果，好果才有好效益。我国鹅资源丰富，仅列入全国家禽品种志上的就有12个，还有一些变种。如广东省习惯饲养当地灰鹅狮头鹅、乌宗鹅、马岗鹅等肉质好的品种。养什么品种，要看生产目的和经济效益，并且结合当地自然条件来选择鹅种。如以生产肥肝及肥肝酱为主，则应饲养狮头鹅、溆浦鹅和法国的朗德鹅或其杂交品种，如专门生产鹅肥肝出口，应以饲养朗德鹅为主。如以生产鹅肉为主，则应用杂交鹅。

三、鹅舍场地的选择

（1）有充足的水源。

（2）有饲料生产基地，以便种植绿色饲料。优质的牧草可以供鹅60% ~80%的日粮营养。

（3）环境清静，空气清新，有树木遮荫。

（4）远离村镇，利于卫生防疫。

（5）鹅舍应建在地势高燥、平坦或缓坡地带，南向或东南向，土质以透水性好的沙壤为宜，这样阳光照好并利于排水，同时利于防热、防潮与防寒。既可搭建简易棚舍，周围用竹篱笆或粗网围护饲养，也可利用沟、河等流动水源将棚舍建在沟、河边围养。采用转木结构的鹅舍要特别注意夏季通风散热问题，前后墙需要设置上下两排地窗，下排窗户的下缘以距地30厘米为宜。

四、鹅舍修建

1. 育雏舍

要求舍内保温良好，空气流通，干燥而无贼风，窗的采光面积与地面积为1:10 ~15。育雏舍以每平方米育20日龄以下的雏鹅5 ~15只为宜。

2. 育肥舍

舍内设棚架，分单列式和双列式两种，分小栏，每栏约

10～12平方米，可容纳中等体型的中成鹅60～80只。

五、鹅的饲料

1. 饲料分类

能量饲料：谷实类包括玉米、稻谷、大麦、小麦及麦秕；糠麸类包括米糠、麸皮、玉米糠等，块根、块茎和瓜类如马铃薯、南瓜、胡萝卜、红薯等。

蛋白质饲料：蛋白质饲料是指粗蛋白质的含量在20%以上的饲料，可分为植物性蛋白质饲料和动物性蛋白质饲料。植物性蛋白质饲料包括豆类、豆饼类和油饼等，动物性蛋白质饲料包括鱼、虾、骨肉粉和羽毛粉等。

矿物质饲料包括骨粉、贝壳粉、蛋壳粉、石灰石（不含氟）、食盐等。

维生素饲料：青饲料包括幼嫩的青草、水草、白菜、青菜、苦荬菜、包菜，以及无毒的野菜，藻草类含有丰富的维生素和矿物质，主要有虾藻（柳叶藻）、金鱼藻、水青草、稗草。

此外还有水浮莲、水葫芦以及人工栽培的牧草等。叶粉类如红薯叶、松针叶等。

其他饲料：刺激性饲料如葱、姜、蒜、辣椒等，有增进血液循环，改善消化，增进食欲以及驱虫杀菌等作用。添加剂包括多种不同用途的饲料添加剂，如维生素添加剂、矿物质添加剂、氨基酸添加剂、抗生素添加剂。

2. 饲料的加工调制

除了放牧时让鹅觅食外，其余饲料都应根据实际情况粉碎、切碎、浸泡及蒸煮等加过调制，粉碎不宜过碎，太碎的饲料鹅不易采食和吞咽，一般粉碎成小碎粒即可。切碎后的青绿饲料不易堆积久放，以免腐败变质，鹅食后容易生病或中毒，较坚硬的谷粒，如玉米、小麦等，经浸泡后可增大体积，增加柔软度，鹅易于喜食也易于消化，但不宜浸泡过久，以免发酵变质，降低适口性。蒸煮后可提高适口性和消化率，但在蒸煮过程中也会破坏一些营养成分。

3. 鹅的饲粮配合

一般 0～6 周龄喂全价颗料配合饲料，但要加喂青绿饲料，与配合饲料比例最少应 1∶1。生长鹅进行放牧饲养适当补喂配合饲料。目前大部分农村养鹅不喂全价配合饲料，初生后即喂碎玉米加蛋黄，3 日龄后用各种青嫩草、菜叶（切细碎）加碎玉米。生长鹅阶段（25 日龄后），如无放牧条件可饲喂青储玉米，每只鹅每天可喂 300～400 克（饲养群体小的可采集山野菜喂）和 50 克左右玉米面。65～70 日龄开始短期育肥，青绿饲料随便吃，每天每只鹅补喂全价肥合饲料约 150 克。参考配方：玉米面 55%（或有 15% 稻谷），麦麸 19%，米糠 10%，菜仔饼 11%，鱼粉 3.7，骨粉 1%，食盐 0.3%。有的地区育肥鹅就喂稻谷（带壳）。所以养鹅要尽量利用青绿饲料，不加任何影响肉质的添加成分。成本既低，生产的肉等产品又属绿色食品。

4. 牧草种植需注意的几个问题

（1）克服对牧草种植认识的误区。一些人认为无论什么地方都能种草，种草不需要什么技术，种草就是为了放牧，撒上种子就是种上了草，牧草可以完全替精饲料，缺乏对牧草品种、特性、品质、产量、营养成分、适口性等诸多因素的全面了解。我们所说的种草是指种植经人工培养的优质牧草，而且要提高认识，学习和掌握种草技术和科学的养鹅方法，才能保证种草养鹅的经济效益。

（2）因地制宜，科学选种。对适合养鹅的优质牧草而言，不同的品种对土壤有不同的要求，种植牧草时，应根据土壤结构和水肥条件，选择合适的草种。在选择牧草品种方面，有些人对多年生牧草的产量期望过大，为图省事想种一次多年见效，但多年生的牧草都存着当年产量低，不能解决当务之急和不同的地区的越冬过夏问题。所以说初次种植牧草应选生长周期短，再生能力快，既优质高产又当年见效的品种。

（3）配套轮作，合理混播。种草养鹅的实践证明，因地制宜的选择适应性强、营养丰富、品质优良的牧草品种，实行配套轮作，可以延长青饲料的供给周期。根据不同牧草品种的营养特点，对几种品种进行合理混播，不但能起到多样搭配，营养互补的作用，而且还能大大降低养殖成本，取得更好的经济效益。在实际操作中，根据当地的气候和土壤生态条件，选择适应性良好的牧草品种混播，同时要考虑到牧草的利用年限和相容性，特别应做到豆科牧草和禾本科牧草的混播和组合的合理性，来达到优质高产的效果。

（4）科学种植和利用。牧草有一整套科学的种植栽培技术，在种植过程中要严格执行。在利用方面，一般来说，15日龄内雏鹅宜利用叶类蔬菜或30厘米左右的幼嫩牧草；15～30日龄的鹅宜用50厘米左右的牧草；1月龄后的鹅可利用70厘米左右的牧草，因此牧草的割喂应根据鹅的大小及对粗纤维的利用能力来决定。

（5）应选择荒地、林果园地建造人工草场，种植具有耐瘠薄、耐践踏、耐干旱且青嫩柔软、多汁、适口性好、营养丰富的紫花苜蓿、白三叶、红三叶、墨西哥玉米、多年黑麦草、菊苣、鲁梅克斯等植物。为了满足常年养种鹅的需要，应该采用1年生牧草轮作模式来种植。例如，当年4月上旬播种墨西哥玉米，10月中旬结束后播种冬麦、黑麦草、多花黑麦草，任其生长到下一年的5月中旬结束，如此循环往复轮作。

六、鹅的饲养管理

养鹅日常管理首先应注意日常管理要有规律，建立鹅的条件反射、减少各种应激反应。包括喂食、清扫圈舍、关、放鹅、下水洗浴、刷洗饮食用具、卫生消毒、光照及拣蛋等操作时间顺序，要规律化、制度化，程序一旦定下来不可随意改动，但可随季节昼夜长短变化逐渐调整。注意保证各日龄鹅的适宜温度、密度。平时坚持"跟鹅养"，注意鹅的日粮搭配，观察鹅群状态，严格按大小、强弱分群，并人工配制饲料以补青料不足。发现异常情况，及时分析原因，采取对策。

1. 雏鹅的培育

雏鹅的培育指对出壳后30日龄的幼鹅的饲养，这是养好鹅、达到高产的关键阶段。应抓好以下几个环节。

（1）"潮口"与开食：雏鹅第一次饮水称为"潮口"，可促其食欲或使胎粪排除，一般是先"潮口"后开食，当雏鹅毛干爽并行走自如有啄食手指和垫料时便可开始"潮口"（一般在出壳后24小时进行）。可用饮水器边盛水边将雏鹅头压下，调教几次后就会自由饮水，外界气温升高时，可放雏鹅到饮水器"潮口"，每次2～3分钟。当雏鹅可自由行走，有啄食现象时即可开食。开食时喂切碎的青精混合料，喂料时应撒在干净的塑料布和竹席上，让雏鹅自由啄食，等雏鹅吃饱后及时将其捉住或赶入鹅舍内休息。1周内的雏鹅白天喂料不少于7次，夜间补喂两次，少喂勤添。随着日龄的增长，喂料的次数可逐步减少。在大群饲养时，对体质弱、发育缓慢的个体要及时分群喂养，多给一些青料好草，细心护理，等生长赶上后再合群饲喂。

（2）饲料与喂养：雏鹅的饲料主要是精料和青料，其配比是1∶（2~3），并且要保证清洁、充足的饮用水，雏鹅多次饮水可促进生长。10日龄内的雏鹅每天喂9~10次，夜间补喂2~3次，以后每日喂4~6次。

（3）放牧与游水：雏鹅在出壳后7~15天，晴天时可作短时放牧，让雏鹅游水1~2次，每次15~30分钟。以后时间逐渐延长，以促进鹅脚蹼发育，有利于雏鹅的生长发育。

（4）防啄毛与驱虫：由于喂水不当使雏鹅毛湿或不按时喂料，会发生3~15日龄的雏鹅有啄毛的现象，不利于其生长发育。预防方法：避免雏鹅身毛潮湿；按时喂饲料，同时多喂青嫩饲料和矿物质饲料。雏鹅7日龄后每隔3~4天用煤油或花生油滴耳，可以驱虫、杀虫，夏季尤为重要。

（5）夜间照明：在培育雏鹅时，室内灯要通宵照明以防鼠害，并有利于雏鹅夜间采食。光照要求是每40平方米鹅舍用一盏40瓦灯照明，距地面高度约1.5米处。30天后可逐步减少照明时间，直到停止照明。晚间应保持鹅群安静。

（6）分群与保温：为提高成活率，应分群饲养，每群以20~30只为宜，大群饲养每群以50~100只。刚出壳的小鹅既怕冷又怕热，所以1~2周内保温要好，出壳7天内温度要保持在30~32℃，以后每天降低0.5~1℃，直至常温。即舍内温度保持在15~25℃。

2. 中鹅的饲养管理

中鹅也称仔鹅或称青年鹅，指4周龄以上到种鹅或转为育肥的鹅。中鹅采用以放牧为主，补料为辅的饲养方式。要选择良好的牧地，白天以赶牧方式整天放牧，视牧草质量、采食情况和增重速度而补料，一般以糠麸、谷物为主，日粮中还要注意补充1%～1.5%的骨粉、0.3%～0.4%的食盐，以促进骨骼正常生长，防止软脚病和发育不良。青料的补喂按牧地采食情况而定，补料的次数按鹅的日龄、增重快慢、牧草质量和鹅的采食量灵活掌握，30～50日龄每天喂5～6次，51～80日龄每天4～5次。圈养中鹅日粮中加喂30%～50%的青绿饲料，注意供足清洁饮水和矿物质及维生素添加剂。晴暖天气可全天放牧，中午前在牧地补粮，傍晚回舍内后补粮。放牧时切记勿让鹅群暴晒雨淋，炎热天气放牧易早出晚归，中午让鹅群在树荫下休息，收牧进舍前让鹅进水，在舍外休息并补料，在炎热夏天的晚上可以在舍外露宿。

七、育肥方法

1. 放牧肥育法

放牧肥育法是最经济的一种育肥方法，在农村采用较为广泛。主要利用收割后茬地残留的残稻株落谷进行肥育。放牧肥育必须充分掌握当地农作物的收获季节，预先育雏，制订好放牧育肥的计划。茬地放牧结束，必须用大量精料才能保持肥度，否则鹅群就会掉膘。

2. 舍饲肥育法

舍饲肥育法比较适合于专业户进行短期肥育。在光线暗淡的肥育舍内进行，限制鹅的运动，喂给含有丰富碳水化合物的谷实或块根饲料，每天喂3～4次，使体内脂肪迅速沉积，同时供给充足的饮水，增进食欲，帮助消化，经过半个月左右即可宰杀。

3. 填饲肥育法

填鹅方法与填鸭相似，此法能缩短肥育期，肥育效果好，但比较麻烦。将粉料（最好是玉米粉）拌湿制成条状食团，然后稍蒸一下，使之产生一定的硬度，用强制的方法将食团塞入鹅的食道，每天填 3～4 次，填后放在安静的舍内休息，约经 10 天填饲，体内脂肪增多，肉嫩味美。

八、疾病预防

从大量实践中发现，造成鹅群病伤死亡的主要原因是雏鹅瘟、鹅副粘病毒病、雏鹅感冒、雏鹅脱水、雏鹅水中毒、雏鹅有害气体中毒、饲料中毒、低温环境中造成的挤压、寄生虫病、热射病、日射病等。因此，应该彻底纠正认为鹅的抗病力强，粗放饲养管理也不会生病的错误观念。在养鹅生产中还要注意卫生防疫，首先要消灭传染病，其次是控制和减少普通病和寄生虫病发生，降低发病率、减少死亡。疾病防治应从生产各个环节采取综合防治措施。

1. 加强饲养管理

饲料营养要合理，青绿饲料要满足，增强鹅体抵抗力，管理要精心如育雏 1～3 日龄要有专人看护。

2. 做好卫生防疫工作，严格卫生防疫制度

门前设消毒池和消毒箱，来往人员要消毒（1% 火碱水、生石灰等），饮、食用具每天要定时清洗，至少每周消毒 1 次。圈舍至少每月消毒 1 次，每日定时清扫。消毒药品很多，如百毒杀、过氧乙酸、恩诺沙星、环丙沙星等。不准将来路不明的鹅带入本场，本场售出的鹅一经离场，不准再回本

场。平时饲养人员要认真观察鹅群，做到有病早发现、早诊断、早隔离治疗。粪便、垫草、污物放于偏僻地方发酵处理。尸体要埋掉。

3. 做好预防接种

对养鹅威胁较大的传染病小鹅瘟，应在种鹅开产前 1 个月，给种鹅肌肉或皮下注射种鹅用小鹅瘟疫苗（按 1∶100 稀释）每只鹅 1 毫升，15 天后产生免疫力。如果种鹅未打过预防针，则应在小鹅出雏后 18 小时内皮下或滴鼻 0.1 毫升雏鹅用小鹅瘟疫苗 5 天后产生免疫。预防流行性感冒，可将土霉素碾成粉，按万分之二的比例拌入饲料饲喂。治疗可用青霉素按每千克体重 2 万单位肌肉注射。此外，用蒜泥加糖水灌服也可预防和治疗。预防摇头瘟（分枝杆菌病），有饮水免疫和注射免疫两种。饮水免疫：1010 禽霍乱活菌苗是专供水禽口服免疫的。在免疫前后 3 天，均不能使用治疗禽霍乱的药物。待免疫的鹅必须在服苗前停湿料 4～6 小时。第一次服苗后 4～5 天，在服苗 1 次，一般在第二次服苗后 3 天便能产生免疫力，免疫期可达 8 个月。注射免疫：每瓶 CV 系禽霍乱弱毒冻干苗，用氢氧化铝稀释剂 100 毫克溶解稀释，每只成鹅在皮下注射 0.5 毫升，间隔 2 周再进行第二次免疫接种，弱毒苗只能在非疫区作预防注射，一般注射 7 天后开始产生抗体，免疫期约 3 个月。如果灭活菌苗，每只成年鹅 2 毫升，在胸部肌肉注射，注射后 3～5 天即有免疫力，免疫期 3 个月。一般来说，注射疫苗后，鹅均有反应，有一定影响。治疗方法是，先用大剂量的抗生素肌肉注射 1～2 次，同时在饲料中投饲磺胺药，继续治疗 3～5 天。必要时，磺胺药的首次量可加倍。治疗用药必须持续一个疗程，即停止发病死亡后不能立即停药。

4. 药物预防治疗

雏鹅 1～3 日龄或梅雨季节易发生肠道疾病的中鹅，可在饲料中加入万分之三痢特灵治疗量、万分之五或千分之三土霉素等药物，预防肠道疾病。平时可不定期地用环丙沙星或恩诺沙星饮水预防或治疗肠道疾病（按使用说明稀释）。发生小鹅瘟疫情后，对雏鹅用抗小鹅瘟血清进行紧急防治，每只雏鹅皮下注射抗小鹅瘟血清 0.5 毫升，保护率可达 98%，对发病雏鹅每只注射 1 毫升，15 日龄以上每只注射 2 毫升，隔日重复注射 1 次，治愈率为 70%～85%。中鹅育肥前或生产鹅肥肝填饲前要驱虫，驱绦虫，药物有吡喹酮，按每千克体重 5～10 毫克，一次投服。硫氯酚（硫双二氯酚），按每千克体重 150～200 毫克一次投服。阿苯达唑（丙硫咪唑）按每千克体重 25 毫克一次投服。

九、适时养鹅和卖鹅

当前仍以传统方式养鹅为主，顺应自然气候，靠天养鹅的情况普遍存在。一般情况下，活鹅销售市场可分为 7～9 月份低价期，10～12 月份为中价期，1～4 月为高价期 3 个大阶段，不同的价格差别较大，其效益也差别明显。所以现在养鹅应该是养反季鹅，即每年的 9 月下旬开始养鹅到来年 4 月底连续养 3～4 批肉仔鹅，出栏时正是活鹅的高价期，效益高。而传统养鹅是 2 月底或 3 月上旬开始饲养，一直养到 6 月底，出栏时正值低价期，所以养鹅要紧跟市场。肉鹅也要适时销售。例如，1 只中型鹅 70～80 日龄，活重达 4 千克左右，羽毛长成，就应及时出栏，若延长饲养期，耗料不少，增重却很少，导致微利或亏损。

模块七　现代禽类养殖的生产经营管理

第一节　禽类场经营管理的主要内容

一、养殖技术管理

（一）优良品种的选择

我国养禽历史悠久，禽类的品种资源比较丰富，并培养了许多新品种、新品系。另外，还从国外引进了许多优良蛋鸡、肉鸡品种。选择适应性强、市场容量大、生长速度快、产蛋率高、饲料转化率高的优良品种，对提高生产水平，取得好的经济效益有十分重要的作用。

（二）饲料全价化

饲料成本在养殖生产中约占总成本的70%。因此，必须根据禽类的不同生物学阶段的营养需要，合理配制日粮，提高饲料利用率，降低饲料费用，这是饲养管理的中心工作之一。

（三）设备标准化

现代化养禽业的特点是高效、高产、低耗，把良种、饲料、机械、环境、防疫、管理等因素有机地辩证统一起来。因此，必须利用先进的机械，提高集约化生产水平，取得较高的经济效益。实践证明：利用先进的机械可以大幅度提高劳动生产率，节约饲料成本，减少饲料浪费，提高禽类的生产性能，并有利于防疫，减少疾病发生，提高成活率。对养禽舍内环境条件进行人工控制，如通风换气、喷雾降温、控制光照等，将有力地促进养禽水平的提高，取得更好的经济效益。

（四）管理科学化

禽类养殖场，特别是现代化的大型养禽场，是由许多人协作劳动和进行社会化的生产。对内都是一系列复杂的经济活动和生产技术活动，必须合理组织和管理。在建场时，就需对禽场类型、饲养规模、饲养方式、投资额、饲料供应、技术力量、供销、市场情况等进行深入调查，进行可行性分析，然后作出决策。投产后需抓好生产技术管理、财务管理、人员管理和加强经济核算，协调对外的一系列经济关系等，使管理科学化。

（五）防疫规范化

禽类场一般采用集约化饲养，受疫病的威胁比较严重。因此，要在加强饲养管理的基础上严格消毒防疫制度，采用"全进全出"的饲养方式，制订科学合理的免疫程序，严防传染性疾病的发生。

（六）技术档案管理系统化

禽类生产过程中每天所做的每项工作都应该有详细记录，而且记录要按照类型进行分类整理和存档。这些技术档案能够为生产和经营提供科学的参考依据。

二、人员管理

在禽类场管理中应高度重视人的因素的重要性，重视人力投资的重要性，把企业经营管理特别是劳动管理的重心真正放在"人"的身上。表现在建立岗位责任制和劳动定额等方面。

（一）建立岗位责任制

在禽场的生产管理中，要使每一项生产工作都有人去做，并按期做好，使每个职工各得其所，能够充分发挥主观能动性和聪明才智，需要建立联产计酬的岗位责任制。

根据各地实践，对饲养员的承包实行岗位责任制大体有如下几种方法。

（1）全承包法。饲养员停发工资及一切其他收入。每只禽按入舍计算交蛋，超出部分全部归己。育成禽、淘汰禽、饲料、禽蛋都按场内价格记账结算，经营销售由场部组织进行。

（2）超产提成承包法。这种承包方法首先保证饲养员的基本生活费收入，因为养禽生产风险很大，如果鸡受到严重传染病侵袭，饲养员也无能为力。承包指标为平均先进指标，要经过很大努力才能超额完成。奖罚的比例也是合适的，奖多罚少。这种承包方法各种禽场都可以采用。

（3）有限奖励承包法。有些养禽场为防止饲养员因承包超产收入过高，可以采用按百分比奖励方法。

（4）计件工资法。养禽场有很多工种可以执行计件工资制。生产人员生产出产品，获取相应的报酬。销售人员取消工资，按销售额提成。只要指标制订恰当，就能激发工作的积极性。

（5）目标责任制。现代化养禽企业高度机械化和自动化，生产效率很高，工资水平也很高，在这种情况下采用目标责任制，按是否完成生产目标来决定薪酬。这种制度适用于私有现代化养禽企业。

建立了岗位责任制，还要通过各项记录资料的统计分析，不断进行检查，用计分方法科学计算出每一位职工、每一个部门、每一个生产环节的工作成绩和完成任务的情况，并以此作为考核成绩及计算奖罚的依据。

（二）制订劳动定额

关于养禽场工作人员的劳动定额，应根据集约化养禽的机械化水平、管理因素、所有制形式、个人劳动报酬和各地区收入差异、劳动资源等综合因素进行考虑。

三、日常管理

（一）经常性检测各项生产环境指标

禽舍内的温度、湿度、通风和光照应满足禽类不同饲养阶段的需求，饲养密度要适宜，保证禽类有充足的空间，以降低禽群发生疾病的机会。只有禽舍内温度适宜、通风良好、光照适当、密度适中才能使禽类健康地生长发育。饲养人员要定时检查这些方面的舍内环境条件，发现问题，及时做出调整，避免环境应激。还需要定期检测舍内空气中的微生物的种类和数量，对舍内环境质量进行定期监测。

（二）推广"全进全出"的饲养制度

舍内饲养同一批禽类，便于统一饲喂、光照、防疫等措施的实施，提高群体生产水平，前一批出栏后，留2～4周的时间打扫消毒禽舍，可切断病源的循环感染，使疫病减少，死亡率降低，禽舍的利用率也高。另外，禽舍要有防鼠、防虫、防蝇等设施。

（三）严格执行卫生管理制度

饲养员要穿工作服，并固定饲养员和各项工作程序。与生产无关的人员谢绝进入生产区。饲养人员和技术人员入场前要经过洗澡间洗浴，之后消毒。入舍前要在养殖场门口的消毒池内浸泡靴子，上料前要洗手。饲养人员不得随便串舍。严禁各舍间串用工具。

（四）保持环境安静

观察动物群健康状态，保持环境安静，减少应激的产生。

（五）减少饲料浪费

饲料要满足禽群的营养需要，减少饲料浪费。按照不同禽类不同时期的饲养标准，在饲养时科学配制饲料，用尽可能少的饲粮全面满足其营养需要，既能使禽类健康正常，也能充分发挥生产性能，以取得良好的经济效益。饲料费用占养殖总支出的60%~70%，节约饲料能明显提高养禽场的经济效益。

（六）做好生产记录

做好生产记录，包括每天禽类的数量变动情况（存栏、销售、死亡、淘汰、转入等），饲料消耗情况（每个禽舍每天的总耗料量、平均每只的耗料量、饲料类型、饲料更换等情况），禽类的生产性能（产蛋量、产蛋率、种蛋合格率、种蛋受精率、平均体重、增重耗料比、蛋料比等），疫苗和药物使用情况、气候环境变化情况、值班工作人员的签名。

第二节　禽类生产成本的构成

禽类生产成本一般分为固定成本和可变成本两大类。

一、固定成本

固定成本由固定资产（养禽企业的房屋、禽舍、饲养设备、运输工具、动力机械、生活设施、研究设备等）折旧费、基建贷款利息等组成，在会计账面上称为固定资金。特点是使用期长，以完整的实物形态参加多次生产过程，并可以保持其固有物质形态。随着养禽生产不断进行，其价值逐渐转入到禽产品中，并以折旧费用方式支付。固定成本除上述设备折旧费用外，还包括利息、工资、管理费用等。固定成本费用必须按时支付，即使禽场不养禽，只要这个企业还存在，都要按时支付。

二、可变成本

可变成本是养禽场在生产和流通过程中使用的资金，也称为流动资金，可变成本以货币表示。其特点是仅参加一次养禽生产过程即被全部消耗，价值全部转移到禽产品中。可变成本包括饲料、兽药、疫苗、燃料、能源、临时工工资等支出。它随生产规模、产品产量而变化。

在成本核算账目计入中，以下几项必须记入账中：工资、饲料费用、兽医防疫费、能源费、固定资产折旧费、种禽摊销费、低值易耗品费、管理费、销售费、利息。

通过成本分析可以看出，提高养禽企业的经营业绩的效果，除了市场价格这一不由企业决定的因素外，成本则应完全由企业控制。从规模化、集约化养禽的生产实践看，首先应降低固定资产折旧费，尽量提高饲料费用在总成本中所占比重，提高每只禽的产蛋量、活重和降低死亡率。其次是降低料蛋价格比、料肉价格比控制总成本。

第三节　生产成本支出项目的内容

根据禽类生产特点，禽产品成本支出项目的内容，按生产费用的经济性质，分直接生产费用和间接生产费用两大类。

一、直接生产费用

直接生产费用即直接为生产禽产品所支付的开支。具体项目如下。

1. 工资和福利费

工资和福利费是指直接从事养禽生产人员的工资、津贴、奖金、福利等。

2. 疫病防治费

疫病防治费是指用于禽病防治的疫苗、药品、消毒剂和检疫费、专家咨询费等。

3. 饲料费

饲料费是指禽场各类禽群在生产过程中实际耗用的自产和外购的各种饲料原料、预混料、饲料添加剂和全价配合饲料等的费用，自产饲料一般按生产成本（含种植成本和加工成本）进行计算，外购的按买价加运费计算。

4. 种禽摊销费

种禽摊销费是指生产每千克蛋或每千克活重所分摊的种禽费用。

种禽摊销费（元/千克）＝（种禽原值－种禽残值）/禽只产蛋重

5. 固定资产修理费

固定资产修理费是为保持禽舍和专用设备的完好所发生的一切维修费用，一般占年折旧费的 5% ~ 10%。

6. 固定资产折旧费

固定资产折旧费是指禽舍和专用机械设备的折旧费。房屋等建筑物一般按 10 ~ 15 年折旧，禽场专用设备一般按 5 ~ 8 年折旧。

7. 燃料及动力费

燃料及动力费指直接用于养禽生产的燃料、动力和水电费等，这些费用按实际支出的数额计算。

8. 低值易耗品费用

低值易耗品费用指低价值的工具、材料、劳保用品等易耗品的费用。

9. 其他直接费用

其他直接费用凡不能列入上述各项而实际已经消耗的直接费用。

二、间接生产费用

间接生产费用即间接为禽产品生产或提供劳务而发生的各种费用，包括经营管理人员的工资、福利费；经营中的办公费、差旅费、运输费；季节性、修理期间的停工损失等。这些费用不能直接计入某种禽产品中，而需要采取一定的标准和方法，在养禽场内各产品之间进行分摊。

除了上两项费用外，禽产品成本还包括期间费。所谓期间费就是养禽场为组织生产经营活动发生的，不能直接归属于某种禽产品的费用，包括企业管理费、财务费和销售费用。企业管理费、销售费是指禽场为组织管理生产经营、销售活动所发生的各种费用，包括非直接生产人员的工资、办公、差旅费和各种税金、产品运输费、产品包装费、广告费等。财务费主要是贷款利息、银行及其他金融机构的手续费等。按照我国新的会计制度，期间费用不能进入成本，但是禽场为了便于各禽群的成本核算，便于横向比较，都把各种费用列入来计算单位产品的成本。

以上项目的费用，构成禽场的生产成本。计算禽场成本就是按照成本项目进行的。产品成本项目可以反映企业产品成本的结构，通过分析考核找出降低成本的途径。

参考文献

赵聘，关文怡 . 2012. 家禽生产技术 ［M］. 北京：中国农业科学技术出版社 .

黄永强 . 2015. 畜禽养殖及疫病防治新技术 ［M］. 北京：中国农业出版社 .

史延平，赵月平 . 2009. 家禽生产技术 ［M］. 北京：化学工业出版社 .

史秋艳 . 畜禽疾病防治 ［M］. 石家庄：河北科学技术出版社 .